普通高等教育计算机类系列教材

# C语言程序设计实验指导


主　编　刘丽艳

副主编　杨绪华　杨　梅

参　编　贾月乐　何玉婉　张　静

机械工业出版社

《C 语言程序设计实验指导》是四川省线上线下混合式一流本科课程、省级思政课程“C 语言程序设计”配套的实验教材。全书共分 9 章，涵盖了“C 语言程序设计”课程实验的主要内容，同时兼顾了广度和深度。除第 1 章外，其余章包括学习目标、知识重点、知识难点、案例及解析、拓展练习和拓展练习参考答案。全书实验采用全国计算机等级考试（NCRE）二级 C 语言程序设计考试大纲指定的 Microsoft Visual C++ 2010（学习版）为开发环境，切实培养学生的动手实践能力，通过实验理解 C 语言程序运行过程和语法规则，为后续的课程设计、计算机等级考试等做好充分的准备。

本书通过大量的实验案例引导学生掌握相关知识点，适合初学者掌握程序设计的思想和方法，可作为理工类学生学习 C 语言程序设计的实验教材。

**图书在版编目（CIP）数据**

C 语言程序设计实验指导/刘丽艳主编. —北京：机械工业出版社，2022. 10（2024. 12 重印）
普通高等教育计算机类系列教材
ISBN 978-7-111-71402-6

Ⅰ. ①C… Ⅱ. ①刘… Ⅲ. ①C 语言-程序设计-高等学校-教材 Ⅳ. ①TP312. 8

中国版本图书馆 CIP 数据核字（2022）第 148415 号

机械工业出版社（北京市百万庄大街 22 号 邮政编码 100037）
策划编辑：赵亚敏 责任编辑：赵亚敏 张翠翠
责任校对：张晓蓉 王 延 封面设计：张 静
责任印制：单爱军
北京虎彩文化传播有限公司印刷
2024 年 12 月第 1 版第 4 次印刷
184mm×260mm · 8. 75 印张 · 219 千字
标准书号：ISBN 978-7-111-71402-6
定价：25. 80 元

电话服务
客服电话：010-88361066
010-88379833
010-68326294

网络服务
机 工 官 网：www. cmpbook. com
机 工 官 博：weibo. com/cmp1952
金 书 网：www. golden-book. com
机工教育服务网：www. cmpedu. com

# 前　言

C 语言是现代较流行的通用程序设计语言之一，它既具有高级程序设计语言的优点，又具有低级程序设计语言的特点，既可以用来编写系统程序，又可以用来编写应用程序。因此，C 语言课程在各高等工科院校非计算机专业中得到推广和普及。

实验是 C 语言课程教学至关重要的环节。本书通过大量的实验案例引导学生通过完成实验掌握相关知识点，适合初学者掌握程序设计的思想和方法。本书实验采用全国计算机等级考试（NCRE）二级 C 语言程序设计考试大纲指定的 Microsoft Visual C++ 2010（学习版）为开发环境，切实培养学生的动手实践能力，使其掌握调试程序的方法，通过调试理解 C 语言程序运行过程和语法规则，为后续的课程设计、计算机等级考试等做好充分的准备。

本书知识体系由浅入深、循序渐进地从认识开发环境入手，通过实验案例对知识点进行分析及应用，非常适合初学者进行实验模仿和练习；实验目标明确，步骤清晰，代码规范；每个案例均有翔实的问题分析、实验步骤及实验说明；拓展练习给出学生应独立完成的题目，用于检验实验效果及学习目标达成度，帮助学生巩固所学知识。

本书具有基础性、实用性和系统性，可以由浅入深地指导学生进行上机训练，逐步提高编程和动手能力。本书依托西南石油大学省级课程思政示范课程项目“C 语言程序设计”，将党的二十大精神融入其中，倡导石油行业“三老四严”和“铁人”精神，激发学生的使命担当，培养学生的科技自立自强意识，助力培养德才兼备的拔尖创新人才。

由于编者水平有限，书中难免存在错误之处，敬请读者批评指正！

编　者

# 目 录

# 第1章

# C语言集成开发环境

## 1.1 常用集成开发环境简介

集成开发环境（Integrated Development Environment，IDE）是一个将编辑器、编译器、连接器和其他软件单元集合在一起的软件系统。程序员可以通过它对程序进行编辑、编译、连接、运行和调试。

C语言的集成开发环境很多，如Turbo C、Visual C++、Dev C++等，这些IDE各有特点。其中，Microsoft Visual C++ 2010（简称VC++ 2010）是微软公司出品的开发环境Microsoft Visual Studio 2010的组件之一，是Windows平台上较流行的C/C++集成开发环境。全国计算机等级考试（NCRE）指定Microsoft Visual C++ 2010学习版为C语言程序设计考试开发环境。

## 1.2 Visual C++ 2010学习版

Microsoft Visual Studio 2010有很多的子版本，如同Windows 10分为家庭版、专业版、企业版等版本一样，Visual Studio 2010也分为专业版、高级版、旗舰版、学习版和测试版等。下面介绍NCRE指定的开发环境Visual C++ 2010学习版的安装、配置过程。

### 1.2.1 安装

准备好安装所需的.iso镜像文件，如图1-1所示。

用虚拟光驱加载并运行其Setup文件，如图1-2所示，即可进入安装选择界面，选中

VS2010ExpressMSDNCHS
光盘映像文件
1.75 GB

图1-1 镜像文件

名称
Include
VBExpress
VCExpress
VCSExpress
VWDExpress
Autorun
Setup

图1-2 加载到虚拟光驱的目录

图 1-3 中的“Visual C++ 2010 学习版”选项安装即可。

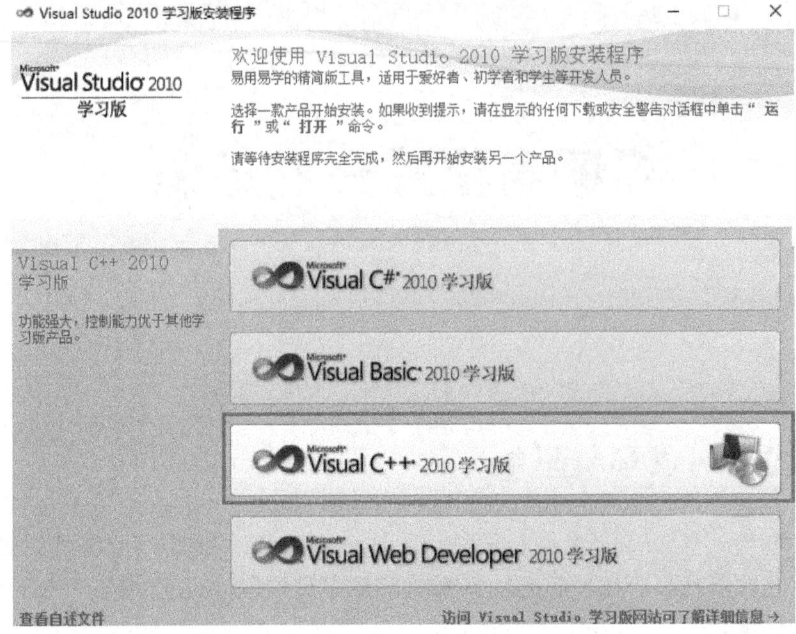


**图 1-3　Visual Studio 2010 学习版安装界面**

### 1.2.2　新建项目

首先，启动 Visual C++ 2010 学习版，如图 1-4 所示。

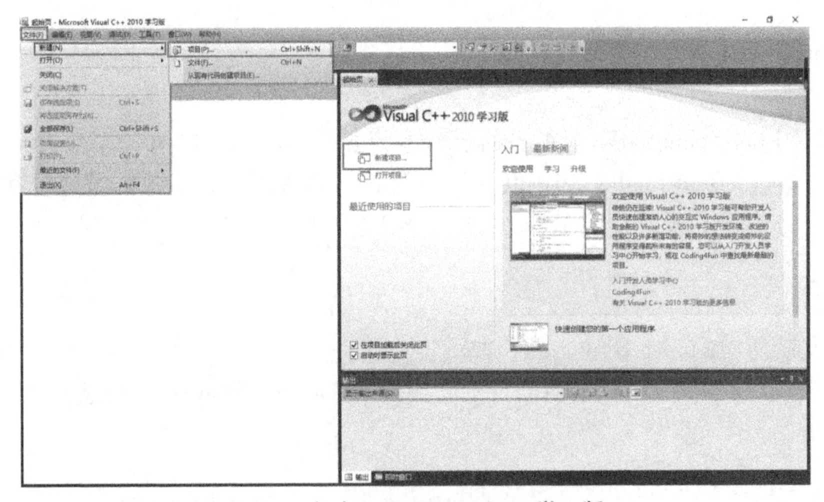


**图 1-4　启动 Visual C++ 2010 学习版**

在“起始页”选择“新建项目”，或者选择菜单“文件”→“新建”→“项目”命令，打开“新建项目”对话框，如图 1-5 所示。

在“新建项目”对话框中选择“已安装的模板”→“Visual C++”→“Win32”→“Win32 控制台应用程序”选项，并在下方区域输入新建的 C 项目名称、项目路径及解决方案名称。其中，解决方案名称默认与 C 项目名称同步，也可根据实际需要进行修改。单击“确定”按钮进入“Win32 应用程序向导”的“欢迎使用 Win32 应用程序向导”界面，如图 1-6 所示。

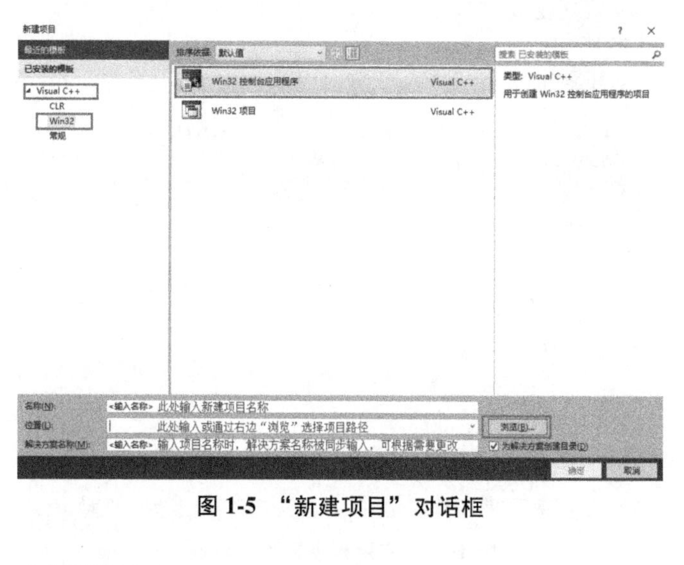


图 1-5 “新建项目”对话框

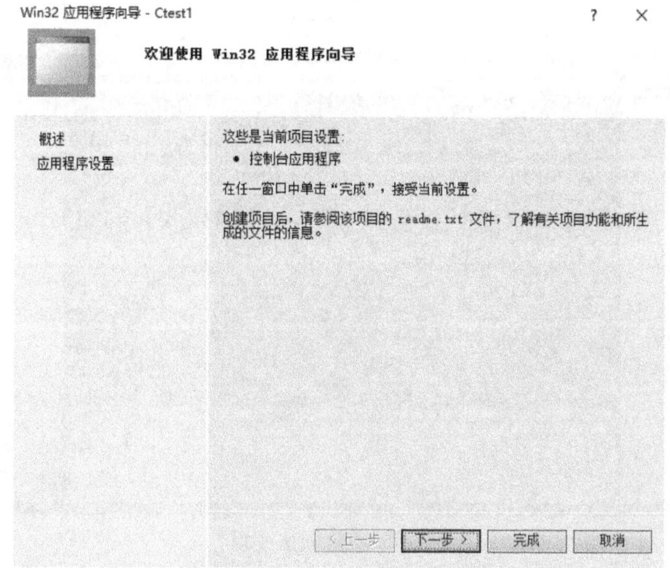


图 1-6 “欢迎使用 Win32 应用程序向导”界面

单击“下一步”按钮进入“应用程序设置”界面，如图 1-7 所示。“应用程序类型”选择“控制台应用程序”，“附加选项”选择“预编译头”和“空项目”后单击“完成”按钮即可完成设置。

此时，项目创建成功，如图 1-8 所示。

### 1.2.3 新建 C 源文件

右击“解决方案资源管理器”中的“源文件”选项，在出现的快捷菜单中选择“添加”→“新建项”命令，如图 1-9 所示。

在弹出的“添加新项”对话框（图 1-10）的模板中选择“C++文件（.cpp）”选项，在“名称”文本框中为将要生成的文件命名，扩展名为 .c。扩展名 .c 不能省略，如果省略，则系统会默认加上 .cpp，即默认要生成的文件是 C++源文件，而不是 C 源文件。

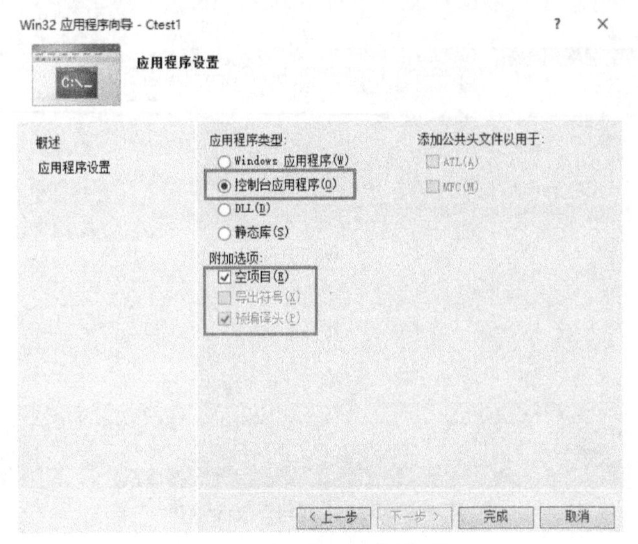


图 1-7 “应用程序设置”界面

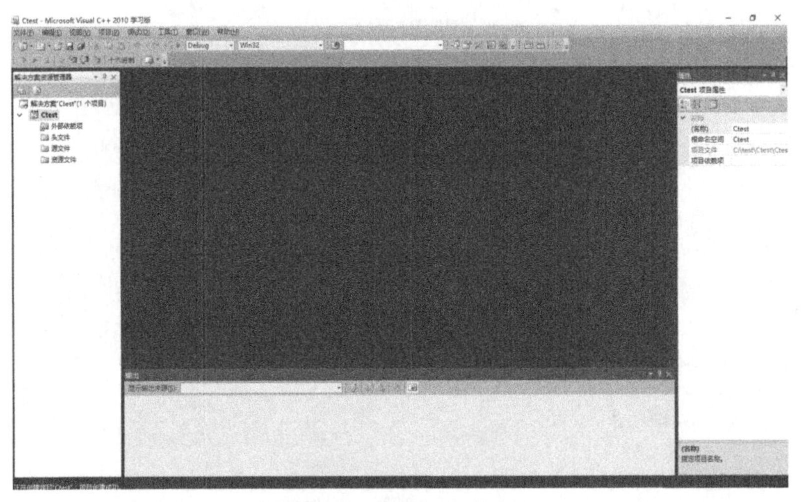

图 1-8 项目创建成功

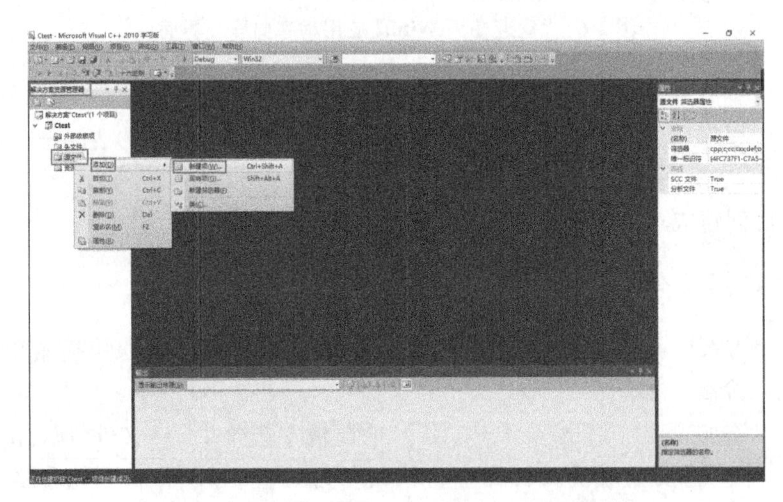

图 1-9 选择“添加”→“新建项”命令新建项

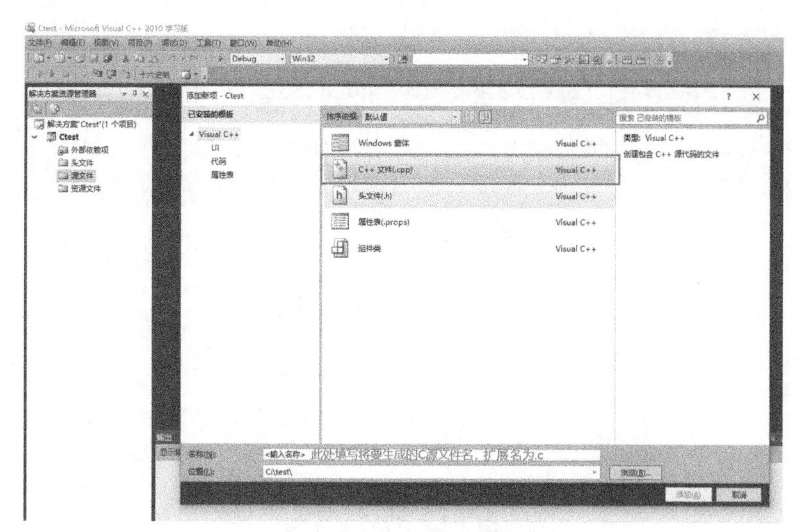


图 1-10　“添加新项”对话框

## 1.2.4　编辑源程序

在图 1-10 中输入将要生成的 C 源文件名，如 mytest. c 后，界面右下角的“添加”按钮由灰变亮。单击“添加”按钮，弹出编辑窗口，此窗口供用户进行 C 源代码的编辑。编辑窗口下方是输出窗口，在编译、连接时显示程序运行状态信息，如图 1-11 所示。

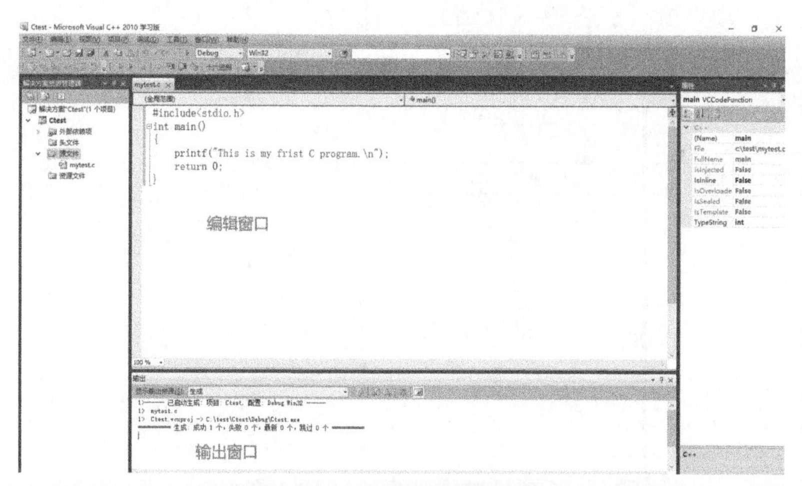


图 1-11　编辑窗口及输出窗口

第一次进入编辑窗口时，默认无行号显示。如果需要在编辑窗口显示行号，则需要选择“工具”→“选项”→“所有语言”→“常规”→“显示”→“行号”选项进行设置，如图 1-12 所示。

## 1.2.5　编译、连接、运行程序

VC++ 2010 提供了快捷键 Ctrl+F5，可一键完成编译、连接、运行。屏幕下方的输出窗口显示程序执行情况。

当程序出现语法错误，无法成功执行时，输出窗口将显示失败个数及错误提示。语法错

图 1-12　行号设置

误分为两类：一类是致命错误，以 error 提示，如果程序出现这类错误，则不能通过编译，无法形成目标程序；另一类是轻微错误，以 warning 提示，这类错误不影响生成目标程序和可执行程序，但可能影响程序运行结果。对这两类错误，都要进行改正。

当程序编译报错时，双击错误提示行，程序编辑窗口中会出现一个粗箭头来指向被报错的程序行，且光标在此行前闪烁，用于提示此行出错，如图 1-13 所示。

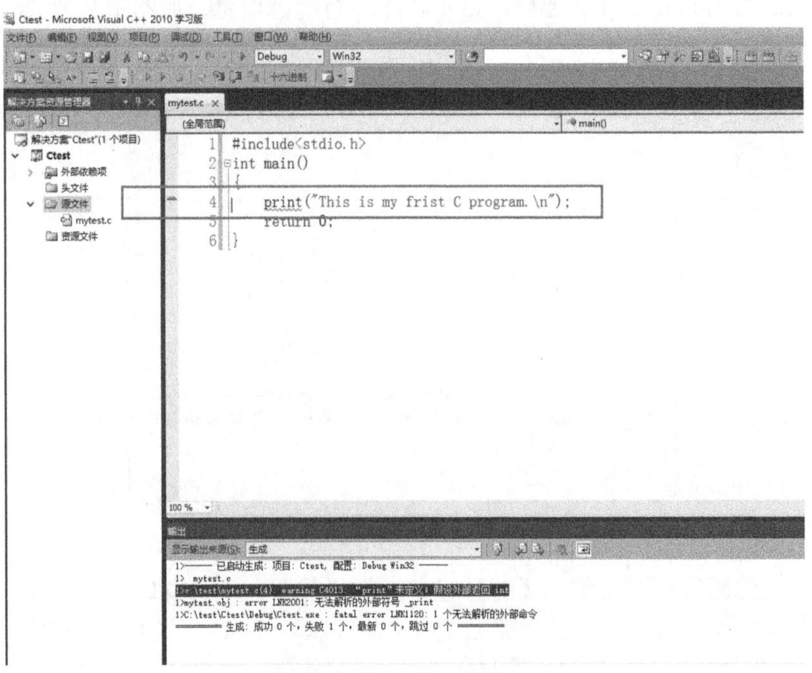


图 1-13　程序语法错误提示

当程序通过编译、连接，并且成功执行，则会出现程序运行结果，如图 1-14 所示。

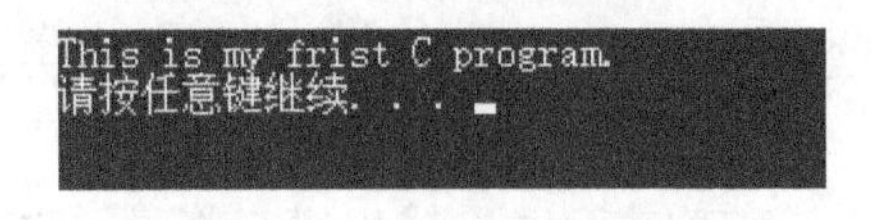


图 1-14　运行成功时的结果

# 第2章

# 数据类型、运算符和表达式

## 2.1 学习目标

◇ 了解程序相关概念和程序设计方法；了解C语言的特点和C程序的结构，以及程序编制的规范性；

◇ 掌握C程序的开发过程、调试方法；

◇ 熟练掌握C的基本数据类型，并掌握变量的定义和初始化；

◇ 学会C语言的有关运算符号以及相应表达式的使用；

◇ 掌握各种类型数据的输入/输出方法，能正确使用各种格式转换符；

◇ 进一步熟悉C程序的编辑、连接和运行的过程。

## 2.2 知识重点

◇ C语言程序的结构、书写规范、特点；

◇ main() 函数；

◇ C语言上机步骤；

◇ 数据类型、常量的表示方法、变量的定义和初始化、算术运算符、赋值运算符、强制类型转换；

◇ scanf() 函数和printf() 函数；

◇ 格式控制符；

◇ 顺序结构程序设计。

## 2.3 知识难点

◇ C程序的开发过程、程序的调试方法；

◇ 整型常量、数字字符常量的区别；

◇ 变量的定义和初始化；

◇ 赋值运算符的右结合性、自增/自减运算符前置和后置运算的不同；

◇ 格式控制符的使用；

◇ scanf() 函数和 printf() 函数的正确应用。

## 2.4 案例及解析

扫码看视频讲解

### 2.4.1 实验案例 2-1

编写 C 程序，在屏幕上显示“This is my first C program.”。

◇ 问题分析：

（1）本案例的实现需要应用 VC++ 2010 集成环境，创建一个 C 控制台程序。

（2）掌握 C 语言程序的结构、书写规范、特点，编写程序，在屏幕上输出“This is my first C program.”。

（3）程序中涉及 main() 函数及 printf() 函数。

◇ 实验步骤：

（1）打开 VC++ 2010 集成开发环境，正确创建一个 C 源文件。

（2）在代码编辑窗口输入代码，如图 2-1 所示。

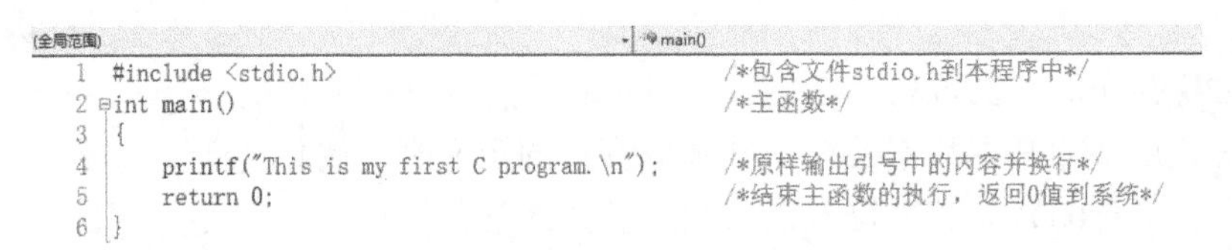


图 2-1 实验案例 2-1 代码

（3）执行程序。要在 VC++ 2010 中编译、连接、运行程序，可直接使用快捷键 Ctrl+F5，程序运行结果如图 2-2 所示。

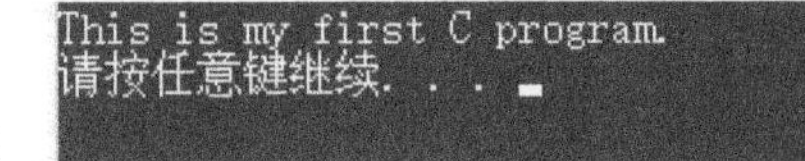


图 2-2 实验案例 2-1 运行结果

◇ 实验说明：

（1）代码#include<stdio.h>是编译预处理命令，其含义是文件包含头文件 stdio.h。标准输入/输出头文件 stdio.h，可用来控制数据的输入/输出。

（2）main() 函数是程序的入口和出口，每个 C 源程序都必须有且只有一个 main() 函数。

（3）printf() 是 C 的标准输入/输出函数库中的函数，它的功能是把需要输出的内容显示到显示器。

（4）return 0；语句结束主函数的执行，返回 0 值到系统。

### 2.4.2 实验案例 2-2

扫码看视频讲解

输入图 2-3 所示的代码，观察、分析运行结果。

◇ 问题分析：

（1）本案例介绍的是验证性实验，通过输入图 2-3 所示的代码，运行并观察结果。

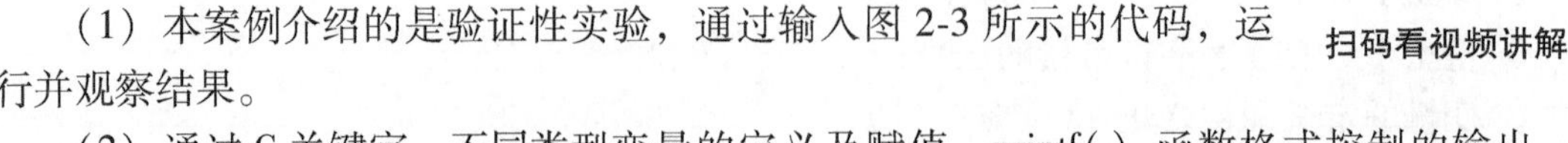

（2）通过 C 关键字、不同类型变量的定义及赋值、printf() 函数格式控制的输出，用户了解基本类型变量在内存中的存储空间大小，理解和巩固 C 程序的结构及执行过程。

```
(全局范围)                                    main()
1  #include <stdio.h>
2  int main()
3  {
4      int a = 2;
5      float b = 2.5;
6      double c = 3.5;
7      char d = 'H';
8      printf("a = %d, sizeof(a) = %d \n", a, sizeof(a));
9      printf("b = %f, sizeof(b) = %d \n", b, sizeof(b));
10     printf("c = %f, sizeof(c) = %d \n", c, sizeof(c));
11     printf("d = %c, sizeof(d) = %d \n", d, sizeof(d));
12     return 0;
13 }
```

图 2-3 实验案例 2-2 代码

◇ 实验步骤：

（1）打开 VC++ 2010 集成开发环境，正确创建一个 C 源文件。

（2）在代码编辑窗口中输入代码，如图 2-3 所示。

（3）执行程序。要在 VC++ 2010 中编译、连接、运行程序，可直接使用快捷键 Ctrl+F5，程序运行结果如图 2-4 所示。

```
a = 2, sizeof(a) = 4
b = 2.500000, sizeof(b) = 4
c = 3.500000, sizeof(c) = 8
d = H, sizeof(d) = 1
请按任意键继续. . .
```

图 2-4 实验案例 2-2 运行结果

◇ 实验说明：

（1）定义变量的一般形式：类型关键字+变量名。

（2）sizeof 是 C 的关键字，是判断数据类型或者表达式长度的运算符。

（3）printf( ) 函数双引号中的内容，除格式控制符外，其余全部原样输出。

（4）格式控制符%d、%f、%c 分别控制变量按整型、实型、字符型格式输出其值。

（5）转义字符“\n”控制输出时的换行，可将光标移到下一行的起始位置。

### 2.4.3 实验案例 2-3

编写程序，从键盘输入两个整数，分别输出两个数加、减、乘、除后的结果。

◇ 问题分析：

（1）完整的应用程序需要考虑 3 个部分的内容：数据的输入、数据的处理、结果的输出。

（2）数据的输入：需要从键盘输入两个整型数据，即 num1、num2。

（3）数据处理：利用+、-、*、/这 4 个运算符来分别计算 num1 与 num2 的和、差、积、商。

（4）结果输出：从显示器输出和、差、积、商的结果。

◇ 实验步骤：

（1）打开 VC++ 2010 集成开发环境，正确创建一个 C 源文件。

（2）在代码编辑窗口输入代码，如图 2-5 所示。

（3）执行程序。要在 VC++ 2010 中编译、连接、运行程序，可直接使用快捷键 Ctrl+F5，分别输入 num1、num2 的值，此处分别输入 7 和 3，程序运行结果如图 2-6 所示。

```c
#include<stdio.h>
int main()
{
    int num1,num2,sum,sub,mul,div;                          /*根据分析定义整型变量*/
    printf("input num1:");                                  /*原样输出提示信息*/
    scanf("%d",&num1);                                      /*输入操作数num1*/
    printf("input num2:");                                  /*原样输出提示信息*/
    scanf("%d",&num2);                                      /*输入操作数num2*/
    sum = num1 + num2;                                      /*计算num1与num2的和*/
    sub = num1 - num2;                                      /*计算num1与num2的差*/
    mul = num1 * num2;                                      /*计算num1与num2的积*/
    div = num1 / num2;                                      /*计算num1与num2的商*/
    printf("-----------------------------\n");              /*原样输出分隔线*/
    printf("sum = num1 + num2 = %d + %d = %d\n",num1,num2,sum);   /*输出和*/
    printf("sub = num1 - num2 = %d - %d = %d\n",num1,num2,sub);   /*输出差*/
    printf("mul = num1 * num2 = %d * %d = %d\n",num1,num2,mul);   /*输出积*/
    printf("div = num1 / num2 = %d / %d = %d\n",num1,num2,div);   /*输出商*/
    return 0;
}
```

**图 2-5　实验案例 2-3 代码**

◇ 实验说明：

（1）C 语言规定所有变量必须先定义后使用。

（2）程序执行第 5 行代码时，会在屏幕上显示提示信息“input num1:”，提示用户输入 num1 的值。

（3）程序执行第 6 行代码时，光标会停留在第 5 行代码的执行结果之后，即屏幕显示的“input num1:”后，程序会等待用户从键盘输入一个整数。当用户输入了一个整数并按 Enter 键后，程序才会继续运行。

（4）在第 6 行和第 8 行的 scanf( ) 参数地址表中，将取地址运算符 & 放在变量名前面，指定接收数据的存储单元地址。

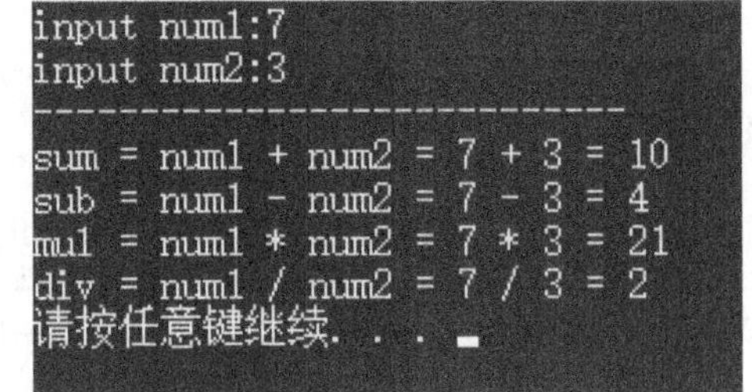


**图 2-6　实验案例 2-3 运行结果**

（5）思考：如果商要保留小数，则应该在图 2-5 所示的代码中做哪些改变？

### 2.4.4　实验案例 2-4

美国人习惯使用英制计量单位，他们用几尺几寸（即英尺和英寸）来报自己的身高。如果一个美国人说他的身高是 5 英尺 7 英寸，那么他的身高应该是多少米呢？

编程实现一个英尺转换器，输入英尺和英寸，输出对应米数。

◇ 问题分析：

（1）数据输入：根据美国人告知的身高（5 英尺 7 英寸），分别从键盘输入 foot 和 inch 的值。

（2）数据处理：依据换算关系 1 英尺＝12 英寸＝0.3048m，将身高进行转换，即 height＝0.3048＊(foot+inch/12.0)。

（3）结果输出：在屏幕显示转换后的身高。

◇ 实验步骤：

（1）打开 VC++ 2010 集成开发环境，正确创建一个 C 源文件。

（2）在代码编辑窗口输入代码，如图 2-7 所示。

（3）执行程序。要在 VC++ 2010 中编译、连接、运行程序，可直接使用快捷键 Ctrl+F5，根据题意按 scanf( ) 中格式控制符的规定分别输入整型数据 5 和 7，程序运行结果如图 2-8 所示。

```
(全局范围)                                          main()
 1  #include<stdio.h>
 2  int main()
 3  {
 4      int foot,inch;
 5      double height;
 6      printf("Input foot and inch:");                //原样输出提示语句
 7      scanf("%d%d",&foot,&inch);
 8      height = 0.3048 * ( foot + inch /12.0);        //注意数据类型转换
 9      printf("----------------------------\n");
10      printf("height= %d feet %d inches = %f meters\n",foot,inch,height);
11      return 0;
12  }
```

**图 2-7　实验案例 2-4 代码**

◇ 实验说明：

（1）根据题目要求，需要将 height 定义成 double 类型。

（2）第 6 行的代码原样输出。

（3）程序执行第 7 行代码时，需要按 scanf() 中的指定格式输入 foot 和 inch 的值，默认分隔符为空格符、回车符及制表符（Tab）。

```
Input foot and inch:5 7
----------------------------
height= 5 feet 7 inches = 1.701800 meters
请按任意键继续. . .
```

**图 2-8　实验案例 2-4 运行结果**

（4）思考：第 8 行代码如果写成“height =0.3048 * (foot+inch/12)”，则将导致运行结果不正确，为什么？

## 2.4.5　实验案例 2-5

编写程序，从键盘输入圆锥体底面半径及高，计算圆锥的体积和表面积并输出。（使用宏定义或 const 常量定义圆周率）

◇ 问题分析：

（1）数据输入：从键盘输入圆锥体底面半径 r 和高 h 的值。

（2）数据处理：根据输入的半径 r 和高 h，应用数学公式 $V=\frac{1}{3}\pi r^2h$ 和 $S=\pi r(r+\sqrt{r^2+h^2})$ 计算出圆锥体体积和表面积。其中，需要调用数学函数 pow() 计算 $r^2$ 及 $h^2$，调用 sqrt() 计算$\sqrt{r^2+h^2}$。常用数学函数参见本书附录。

（3）结果输出：在屏幕输出圆锥体体积 V 和表面积 S 的值。

◇ 实验步骤：

（1）打开 VC++ 2010 集成开发环境，正确创建一个 C 源文件。

（2）在代码编辑窗口输入代码，如图 2-9 所示。

（3）执行程序。要在 VC++ 2010 中编译、连接、运行程序，可直接使用快捷键 Ctrl+F5，按 scanf() 中格式控制符的规定分别输入数据，此处输入 1 和 3，程序运行结果如图 2-10 所示。

◇ 实验说明：

（1）程序中需要用到数学函数 sqrt()、pow() 等，因此程序开头应加入编译预处理命令#include<math.h>。

（2）编译预处理命令#define PI 3.14159 之后出现的所有标识符 PI 均用 3.14159 代替。

（3）double 双精度实型变量的输入，用%lf 格式控制符。

（4）浮点数的输出，不用区分 double 和 float，都用%f 格式控制符。

（5）计算公式中的乘号 * 不能省略。

```
(全局范围)                                   main()
1  #include<stdio.h>
2  #include<math.h>
3  #define PI 3.14159        /*定义宏常量PI*/
4  int main()
5  {
6      double r,h,volume,surface;                         //根据题目要求定义变量
7      printf("Input r and h:");                          //原样输出提示语句
8      scanf("%lf%lf",&r,&h);                              //输入半径r及高h的值
9      volume = 1.0/3.0*PI*pow(r,2)*h;                    //计算体积volume
10     surface = PI*r*(r+sqrt(pow(r,2)+pow(h,2)));        //计算表面积surface
11     printf("---------------------------\n");
12     printf("volume = %f\n",volume);                    //输出体积
13     printf("surface = %f\n",surface);                  //输出表面积
14     return 0;
15 }
```

图 2-9　实验案例 2-5 代码

（6）思考：如果使用 const 常量定义 PI，则该如何修改参考代码？

```
Input r and h:1 3
---------------------------
volume = 3.141590
surface = 13.076170
请按任意键继续. . .
```

图 2-10　实验案例 2-5 运行结果

## 2.5　拓展练习

### 2.5.1　选择题

（1）以下________选项是 C 语言源程序名。

A）test. obj　　B）test. c　　C）test. exe　　D）test. cpp

（2）以下叙述中正确的是________。

A）C 语言程序将从源程序中的第一个函数开始执行

B）可以在程序中由用户指定任意一个函数作为主函数，程序将从此开始执行

C）C 语言规定必须用 main 作为主函数名，程序将从此开始执行，在此结束

D）main 可作为用户标识符，用于命名任意一个函数作为主函数

（3）以下正确的字符串常量是________。

A）"\\\"　　B）'abc'　　C）Olympic Games　　D）" "

（4）可在 C 程序中用作用户标识符的一组是________。

A）and _2007　　B）Date y-m-d　　C）Hi Dr. Tom　　D）case Bigl

（5）若变量均已正确定义并赋值，以下合法的 C 语言赋值语句是________。

A）x=y==5;　　B）x=n%2.5;　　C）x+n=i;　　D）x=5=4+1;

（6）设 a、b 和 c 都是 int 型变量，且 a=3、b=4、c=5，则下面的表达式中，值为 0 的表达式是________。

A）'a'&&'b'　　B）a<=b　　C）a||+c&&b-c　　D）!((a<b)&&!c||1)

（7）设 ch 是 char 型变量，其值为 A，且有表达式 ch=(ch>='A'&&ch<='Z')?(ch+32):ch，则表达式的值是________。

A）A　　B）a　　C）Z　　D）z

（8）设 int a=12，则执行完语句 a+=a-=a*a 后，a 的值是________。

A）552　　B）264　　C）144　　D）-264

（9）以下程序的输出结果是________。

```
#include<stdio.h>
main()
{
  int a=2,c=5;
  printf("a=%%d,b=%%d\n",a,c);
}
```

A）a=%2,b=%5　　　　B）a=2,b=5

C）a=%%d,b=%%d　　　　D）a=%d,b=%d

（10）若程序中有宏定义行#define N 100，则以下叙述中正确的是________。

A）宏定义行中定义了标识符 N 的值为整数 100

B）在编译程序对 C 源程序进行预处理时用 100 替换标识符 N

C）对 C 源程序进行编译时用 100 替换标识符 N

D）在运行时用 100 替换标识符 N

## 2.5.2　程序填空

（1）将以下程序补充完整，实现从键盘输入的大写字母转换成小写字母。

```
#include<stdio.h>
int main()
{
    char ch1,ch2;
    printf("Input an upper letter:");
    scanf(①);
    ②
    printf("lower of letter %c is %c\n",③);
    return 0;
}
```

（2）将以下程序补充完整，实现从键盘上输入一个两位整数，输出其个位和十位数字的和，如输入 23，则输出 5。

```
#include<stdio.h>
int main()
{
    int n,a,b,s;            //n 存放一个两位正整数,a、b 分别存放 n 的个位与十位
    printf("Input a two-digit positive integer:");
    scanf("①",&n);
    a=②
    b=③
    s=a+b;
    printf("---------------------------\n");
    printf("The result is %d\n",s);
    return 0;
}
```

（3）将以下程序补充完整，实现从键盘输入 3 个学生的成绩，求平均成绩，保留两位小数。

```
#include<stdio.h>
int main()
{
    double score1,score2,score3,ave;
    printf("Input three scores:");
    scanf("①",&score1,&score2,&score3);
    ave=②
    printf("--------------------------\n");
    printf("The average score is③\n",ave);
    return 0;
}
```

### 2.5.3　延伸任务

(1) 仿照实验案例 2-4 编写程序：设银行定期存款的年利率 rate 为 1.75%，存款期限为 n 年，存款本金为 capital，试计算 n 年后的本利之和 deposit（保留两位小数）。其中，rate、n、capital 均由键盘输入，运行结果如图 2-11 所示。

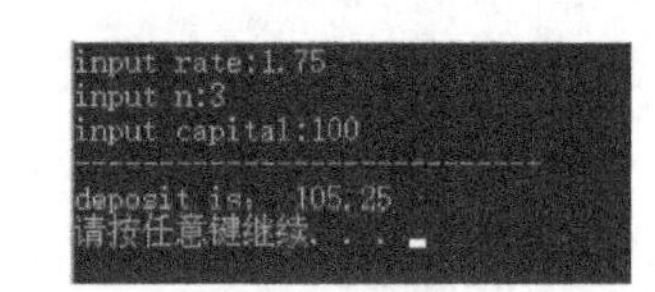


**图 2-11　延伸任务（1）运行结果**

(2) 仿照实验案例 2-5 编写程序：从键盘输入三角形的两条直角边的长度，计算出三角形的周长以及面积。

(3) 仿照实验案例 2-5 编写程序：输入球的半径，计算球的体积和表面积（结果保留两位小数）。

运行结果如图 2-12 所示。

**图 2-12　延伸任务（3）运行结果**

### 2.5.4　程序设计

(1) 将两个两位正整数 a、b 合并成一个整数放在 c 中。合并的方式是，将 a 中的十位数和个位数依次放在 c 数的千位和十位上，将 b 数的十位数和个位数依次放在 c 数的百位和个位上。例如，a=45，b=12 时，执行程序后，c=4152。

(2) 假设一元二次方程$ax^2+bx+c=0$有实根，根据求根公式 $x=\dfrac{-b\pm\sqrt{b^2-4ac}}{2a}$，从键盘输入 3 个系数，如 a=2、b=5、c=3，求方程的两个根。

(3) 输入两个点的坐标，求两点之间的距离。

## 2.6　拓展练习参考答案

扫码查看答案

# 第3章

# 选择结构程序设计

## 3.1 学习目标

◇ 掌握关系运算符、逻辑运算符、条件运算符、逗号运算符的使用；
◇ 理解运用关系运算符、逻辑运算符等表示现实中的判断命题；
◇ 掌握 if 语句（单分支结构、双分支结构及其嵌套）的使用；
◇ 学会使用 switch 语句编写多分支选择程序；
◇ 能够从结构上分析复杂的 if 结构。

## 3.2 知识重点

◇ 关系运算符、逻辑运算符、条件运算符、逗号运算符的使用；
◇ 条件判断的表达；
◇ if 语句（单分支、多分支及其嵌套）的使用；
◇ switch 语句的使用。

## 3.3 知识难点

◇ 关系运算符、逻辑运算符的使用；
◇ 运算符的优先级；
◇ if 执行语句（单语句和复合语句）的确定；
◇ if 语句和 switch 语句实现多分支；
◇ 嵌套 if-else 语句中，if 与 else 匹配问题；
◇ 复合语句。

## 3.4 案例及解析

扫码看视频讲解

### 3.4.1 实验案例 3-1

输入 3 个整数 a、b、c，先进行两两相加，最后比较相加和的最大值。

◇ 问题分析：

（1）完整的应用程序应考虑3个部分的内容：数据的输入、数据的处理、结果的输出。

（2）数据的输入：从键盘输入3个整数a、b、c，只能用scanf( )函数实现输入。

（3）数据的处理：让两两相加的结果分别保存在变量ab、ac、bc中，即ab=a+b，ac=a+c，bc=b+c。

（4）结果的输出：比较ab、ac、bc三者的大小，并输出最大的一个数。

（5）在进行程序设计时，需合理设计变量的个数及其类型，例如本题需设置3个从键盘输入的整型变量a、b、c，3个放置数据处理时的中间整型变量ab、ac、bc，以及存放最大值的整型变量max。

（6）运用本章知识点：单分支if结构。

◇ 实验步骤：

（1）打开VC++ 2010集成开发环境，正确创建一个C源文件。

（2）在代码编辑窗口输入如下代码：

```
#include<stdio.h>
int main()
{
    int a,b,c;
    int ab,ac,bc;
    int max;
    printf("Input the values of a、b、c\n");
    scanf("%d %d %d",&a,&b,&c);
    ab=a+b;
    ac=a+c;
    bc=b+c;
    max=ab;//求最大值
    if(ac>max)
        max=ac;
    if(bc>max)
        max=bc;
    printf("the max is %d\n",max);
    return 0;
}
```

（3）执行程序。要在VC++ 2010中编译、连接、运行程序，可使用快捷键Ctrl+F5，输入a、b、c的值，此处输入“12”“23”“45”，程序运行结果如图3-1所示。

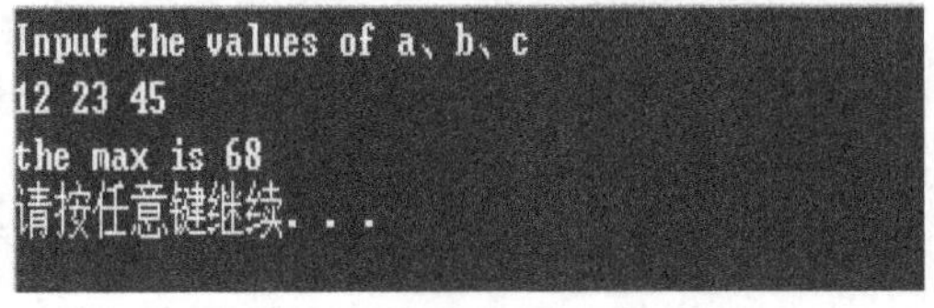


**图3-1　实验案例3-1运行结果**

◇ 实验说明：

（1）格式输入时，注意非格式控制符的原样输入。

（2）变量的个数和类型需根据题目要求进行分析和判断，再设置相应的个数和类型。

### 3.4.2　实验案例3-2

扫码看视频讲解

从键盘上任意输入一个数，判断该数是不是“水仙花数”。“水仙花数”是指一个3位数的各位数字的“三次方和”等于该数本身。例如，

153 是水仙花数，即 $1^3+5^3+3^3=153$。

◇ 问题分析：

判断一个数是不是“水仙花数”，关键要先将这个数的个位、十位和百位上的数分别求出来，再求其三次方和，若该和与给出的 3 位数相等，则说明该数是“水仙花数”，反之不是。

完整的应用程序应考虑 3 个部分的内容：数据的输入、数据的处理、结果的输出。具体步骤如下：

（1）数据的输入：从键盘上输入一个三位数 num，只能用 scanf( ) 函数实现输入。

（2）数据的处理：拆分这个三位数百位、十位和个位上的数字，使用 hun=num/100，ten=num/10%10，ind=num%10，同时设置一个变量 s 来存放三次方和，此时使用 s=hun * hun * hun+ten * ten * ten+ind * ind * ind。

（3）结果的输出：判断 num 是否等于 s，若相等，则打印输出该数是“水仙花数”。因本题不需要输出不相等的情况，所以选用单分支选择结构。

（4）在进行程序设计时，需合理设计变量的个数及其类型，例如本题需设置一个从键盘输入的整型变量 num、3 个放置数据拆分时的整型变量 hun、ten、ind 以及存放“三次方和”的整型变量 s。

（5）运用本章知识点：单分支 if 结构。

◇ 实验步骤：

（1）打开 VC++ 2010 集成开发环境，正确创建一个 C 源文件。

（2）在代码编辑窗口输入代码，其参考代码如下：

```
#include<stdio.h>
int main()
{
    int num,s,hun,ten,ind;
    printf("Please input a number:");
    scanf("%d", &num);
    hun=num/100;
    ten=num/10%10;
    ind=num%10;
    s=hun * hun * hun+ten * ten * ten+ind * ind * ind;
    if(num==s)
        printf("%d is number of daffodils \n", num);
    return 0;
}
```

（3）执行程序。要在 VC++ 2010 中编译、连接、运行程序，可使用快捷键 Ctrl+F5，输入 num 的值，此处输入“153”，程序运行结果如图 3-2 所示。

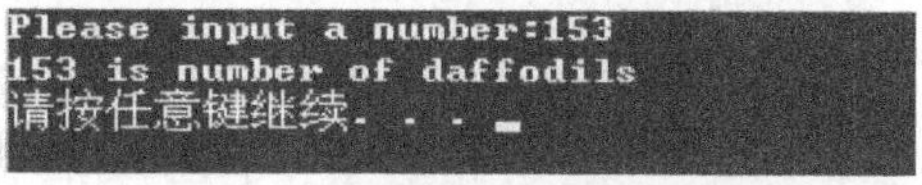

```
Please input a number:153
153 is number of daffodils
请按任意键继续. . .
```

**图 3-2　实验案例 3-2 运行结果**

◇ 实验说明：

（1）注意拆分百位、十位和个位所使用的运算符及其方法。

（2）注意计算机中的乘号用“ * ”表示。

（3）判定两个数相等时用关系符号“==”表示。

（4）思考：若要判断区间 100~1000 中哪些数是水仙花数，则该如何实现？

### 3.4.3 实验案例 3-3

从键盘上输入一个数，求该数的绝对值。

◇ 问题分析：

本题要求从键盘上输入一个数，该数可能是正数、负数或者 0，因此需要根据判定条件决定其输出结果：如果该数非负，则输出本身，否则输出它的相反数。

完整的应用程序应考虑 3 个部分的内容：数据的输入、数据的处理、结果的输出。具体步骤如下：

（1）数据的输入：从键盘输入一个数 num，用 scanf( ) 函数实现。

（2）数据的处理和结果的输出：判断数 num 的正负性，并输出对应的结果。因涉及条件判断且根据条件的结果执行两条不同的分支，所以用双分支选择结构来实现，并同时打印输出该数的绝对值。

（3）在进行程序设计时，需合理设计变量的个数及其类型，例如本题需设置一个从键盘输入的变量 x 以及存放绝对值的变量 daffodilsX。这两个变量的数据类型可以是整型，也可以是浮点型。

（4）运用本章知识点：双分支 if 结构。

◇ 实验步骤：

（1）打开 VC++ 2010 集成开发环境，正确创建一个 C 源文件。

（2）在代码编辑窗口输入代码，其参考代码如下：

```
#include<stdio.h>
int main()
{
    int x, daffodilsX;
    printf("Input the value of x:\n");
    scanf("%d", &x);
    if(x>=0)
        daffodilsX=x;
    else
        daffodilsX=-x;
    printf("The number of daffodils is %d\n", daffodilsX);
    return 0;
}
```

（3）执行程序。要在 VC++ 2010 中编译、连接、运行程序，可使用快捷键 Ctrl+F5，输入 x 的值，此处输入“-45”，程序运行结果如图 3-3 所示。

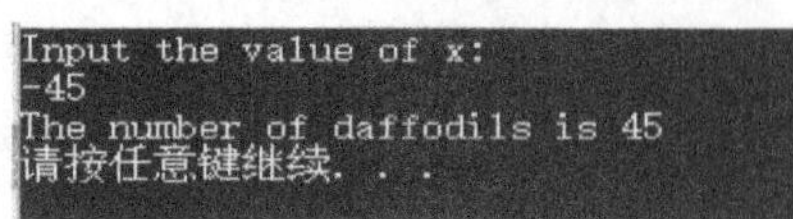


图 3-3 实验案例 3-3 运行结果

◇ 实验说明：

（1）根据题意，分析变量的数据类型，有些题中的变量只能是一种数据类型，有些题中的变量可以是多种数据类型；

（2）在进行双分支选择结构书写时，一定要注意书写层次。

### 3.4.4 实验案例 3-4

编写一个程序，要求用户输入 24h 制的时间，然后显示 12h 制的格式。

例如：

输入 24h 制的时间：21:11。

对应 12h 制的时间：9:11 PM。

或

输入 24h 制的时间：9:11。

对应 12h 制的时间：9:11 AM。

程序运行结果如图 3-4 所示。

```
input time hour:minute:
12:30
now is 12:30 AM
```

```
input time hour:minute:
23:59
now is 11:59 PM
```

**图 3-4　实验案例 3-4 运行结果**

◇ 问题分析：

输入一个 24h 制的时间，其有两部分数据：小时和分钟。在转换成 12h 制时，只需根据输入的“小时”值判断是否大于 12 即可，若成立，则需将“小时”值减去 12，同时在时间后显示 PM，否则在时间后显示 AM。

完整的应用程序应考虑 3 个部分的内容：数据的输入、数据的处理、结果的输出。具体步骤如下：

（1）数据的输入：输入一个具体的时间数字：小时（hour）+分钟（minute），只能用 scanf() 函数实现输入。

（2）数据的处理：对输入的数据判断其是否大于 12，需用到选择结构。

（3）结果的输出：根据计算输出最终结果，因为是数字，所以只能用标准输出函数 printf()。

（4）在进行程序设计时，需合理设计变量的个数及其类型，例如本题需设置两个从键盘输入的变量 hour 和 minute，且这两个变量的数据类型只能是整型。

（5）运用本章知识点：双分支 if 结构。

◇ 实验步骤：

（1）打开 VC++ 2010 集成开发环境，正确创建一个 C 源文件。

（2）在代码编辑窗口输入代码，其参考代码如下：

```
#include<stdio.h>
int main()
{
    int hour,minute;
    printf("input time hour:minute:\n");
    scanf("%d:%d",&hour,&minute);
    if(hour>12)
    {
        hour -=12;
        printf("now is %d:%d PM\n",hour,minute);
    }
    else
        printf("now is %d:%d AM\n",hour,minute);
    return 0;
}
```

（3）执行程序。要在 VC++ 2010 中编译、连接、运行程序，可使用快捷键 Ctrl+F5，分别输入 hour 和 minute 的值，此处输入“15:23”，程序运行结果如图 3-5 所示。

◇ 实验说明：

（1）注意 scanf() 函数中的非格式控制符的原样输入。

（2）hour -= 12 和 hour=hour-12 两者实现的功能相同。

（3）在 printf( ) 函数中，非格式控制符的输出值得注意。

（4）在进行双分支选择结构书写时，一定要注意书写层次。

图 3-5　实验案例 3-4 运行结果

（5）思考：如果只对输入正确的时间值进行转换，那么应该怎么做？

### 3.4.5　实验案例 3-5

判断一个正整数 number 能否同时被 3 和 5 整除。

◇ 问题分析：

该问题要求从键盘上输入一个数 number，判断该数能否同时被 3 和 5 整除。

完整的应用程序应考虑 3 个部分的内容：数据的输入、数据的处理、结果的输出。具体步骤如下：

（1）数据的输入：输入一个正整数 number，只能用 scanf( ) 函数实现输入。

（2）数据的处理和结果的输出：如果能够同时被 3 和 5 整除，则输出 Yes，否则输出 No，所以需要用到双分支选择结构。

（3）在进行程序设计时，需合理设计变量的个数及其类型，例如本题需设置一个从键盘输入的变量 number，且该变量的数据类型只能是整型。

（4）运用本章知识点：双分支 if 结构。

◇ 实验步骤：

（1）打开 VC++ 2010 集成开发环境，正确创建一个 C 源文件。

（2）在代码编辑窗口输入代码，其参考代码如下：

```
#include<stdio.h>
int main()
{
    int number;
    printf("Please input a number:\n");
    scanf("%d",&number);
    if((number%3==0)&&(number%5==0))//判断 number 能否同时被 3 和 5 整除
    {
        printf("Yes\n");
    }
    else
    {
        printf("No\n");
    }
    return 0;
}
```

（3）执行程序。要在 VC++ 2010 中编译、连接、运行程序，可使用快捷键 Ctrl+F5，输入 number 的值，此处输入“21”，程序运行结果如图 3-6 所示。

◇ 实验说明：

（1）判断整除常用“%”符号，根据余数是否等于 0 来进行判断，若等于 0，则说明可以整除，反之则不能整除。

（2）表示同时满足两个条件时，可用逻辑运算符中的逻辑与（&&）来进行连接。

（3）在进行双分支选择结构书写时，一定要注意书写层次。

（4）思考：如果要判断一个数 $n$ 能否被从 $2\sim n-1$ 的数进行整除，又该如何实现？

```
Please input a number:
21
No
请按任意键继续. . .
```

图 3-6　实验案例 3-5 运行结果

### 3.4.6　实验案例 3-6

由计算机“想出”一个数（1~100 之间）让人猜。如果猜对了，则提示“right”，否则提示“wrong”，并告诉猜测者，所猜得的数是大了还是小了。

◇ 问题分析：

需要计算机首先“想出”一个数据（1~100 之间），可使用随机函数 rand()，随后将人猜测的数据和计算机“想出”的数据进行比较，最后根据比较结果进行输出。

完整的应用程序应考虑 3 个部分的内容：数据的输入、数据的处理、结果的输出。具体步骤如下：

（1）数据的输入：因为该题的数据由计算机随机产生，因此不存在从键盘输入数据。

（2）数据的处理：将人猜测的数据和计算机“想出”的数据进行比较，因此需要用到选择结构。

（3）结果的输出：根据比较结果进行输出，需用到标准输出函数 printf()。

（4）在进行程序设计时，需合理设计变量的个数及其类型，例如本题需设置一个计算机随机产生的数据 magic 和一个存放用户猜测的数据 guess，此两变量的数据类型是整型。

（5）运用本章知识点：if 结构的嵌套。

◇ 实验步骤：

（1）打开 VC++ 2010 集成开发环境，正确创建一个 C 源文件。

（2）在代码编辑窗口输入代码，其参考代码如下：

```c
#include<stdio.h>
#include<stdlib.h>
#include<time.h>
int main()
{
    int magic,guess=0;
    srand((unsigned int)time(NULL));
    magic=rand()%100+1;
    printf("Please guess a magic number:");
    scanf("%d", &guess);
    if(guess>magic)
        printf("Wrong! Too high!\n");
    else if(guess<magic)
        printf("Wrong! Too low!\n");
    else
        printf("Right! \n");
    printf("The number is:%d \n", magic);
    printf("game over!\n");
    return 0;
}
```

（3）执行程序。要在 VC++ 2010 中编译、连接、运行程序，可使用快捷键 Ctrl+F5，输入 guess 的值，此处输入“58”，程序运行结果如图 3-7 所示。

图 3-7　实验案例 3-6 运行结果

◇ 实验说明：

（1）因为该程序需用到随机函数（rand( ) 函数）、时间函数（time( ) 函数）、随机数发生器的初始化函数（srand( ) 函数）和标准输出函数（printf( ) 函数），所以须在函数头部分加上库函数 stdlib. h、time. h 和 stdio. h。

（2）在进行程序输入时，注意标点符号应在英文状态下输入。

（3）在进行双分支选择结构书写时，一定要注意书写层次。

（4）思考：如果限定猜测 5 次才结束，则又该如何修改程序?

### 3.4.7　实验案例 3-7

输入一个字符，如果是字母，则转换为相反状态（即大写转换成小写，小写转换成大写）输出；如果不是字母，则原样输出。

◇ 问题分析：

该题要求从键盘输入一个字符，对输入的字符进行判断。若是大写字母则转换成小写字母，若是小写字母，则转换成大写字母，然后根据比较结果输出该问题的最终结果。

完整的应用程序应考虑 3 个部分的内容：数据的输入、数据的处理、结果的输出。具体步骤如下：

（1）数据的输入：输入一个字符 ch，使用输入 scanf( ) 函数和 getchar( ) 函数均可。

（2）数据的处理：需要对输入的字符进行判断且没有多次重复判断，所以需用到选择结构。

（3）结果的输出：根据比较输出最终结果，因为输出数据是字符型，所以可用标准输出函数 printf( )，也可用字符输出函数 putchar( )。

（4）在进行程序设计时，需合理设计变量的个数及其类型，例如本题需设置一个字符数据 ch，且该变量的数据类型只能是字符型。

（5）运用本章知识点：if 结构的嵌套。

◇ 实验步骤：

（1）打开 VC++ 2010 集成开发环境，正确创建一个 C 源文件。

（2）在代码编辑窗口输入代码，其参考代码如下：

```
#include<stdio.h>
int main()
{
    char ch;
    printf("Please input a character:\n");
    ch=getchar();           //也可以换成 scanf("%c",&ch);
    if(ch>='a'&&ch<='z')
        ch=ch-32;
```

```
    else if(ch>='A'&&ch<='Z')
        ch=ch+32;
    else
        ch=ch;
    putchar(ch);          //也可以换成 printf("%c",ch);
    putchar('\n');
    return 0;
}
```

（3）执行程序。要在 VC++ 2010 中编译、连接、运行程序，可使用快捷键 Ctrl+F5，输入 ch 的值，此处输入小写字母“d”，程序运行结果如图 3-8 所示。

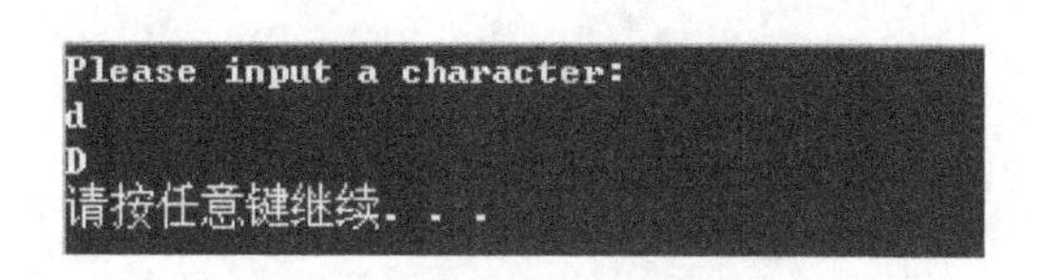


**图 3-8 实验案例 3-7 运行结果**

◇ 实验说明：

（1）注意一个闭合区间的条件表达式的书写。

（2）注意 if 嵌套的书写格式。

（3）表示字符常量时，需用单撇号（'）将字符括起来。

（4）思考：对于 C 语言中的表达式“'a'<=ch<='z'”，请讨论你对该表达式的认识。

（5）思考：如果将 ch=getchar() 换成 scanf("%c", &ch)，则输入时有无区别？

### 3.4.8 实验案例 3-8

输入数字星期几，输出英文星期几，比如输入数字“2”，输出“Tuesday”。

◇ 问题分析：

根据题意分析，从键盘输入数字星期几，输入数字在 1~7 之间，然后根据输入的数字进行判断，最后输出对应的英文来表示星期几。例如，输入“2”，则输出“Tuesday”。

完整的应用程序应考虑 3 个部分的内容：数据的输入、数据的处理、结果的输出。具体步骤如下：

（1）数据的输入：输入的数字在 1~7 之间，只能用 scanf() 函数实现输入。

（2）数据的处理：根据输入的数字进行判断，存在多个分支的情况，因此需要用到多分支选择结构。

（3）结果的输出：在进行判断后，随即输出对应的英文星期几。

（4）在进行程序设计时，需合理设计变量的个数及其类型，例如本题需设置一个整型数据 n。

（5）运用本章知识点：switch 语句。

◇ 实验步骤：

（1）打开 VC++ 2010 集成开发环境，正确创建一个 C 源文件。

（2）在代码编辑窗口输入代码，其参考代码如下：

```
#include<stdio.h>
int main()
{
    int n;
    printf("Please input a num-
ber:\n");
    scanf("%d",&n);
    switch(n)
    {
        case 1:
            printf("Monday\n");
            break;
        case 2:
            printf("Tuesday");
            break;
        case 3:
            printf("Wednesday");
            break;
        case 4:
            printf("Thursday");
            break;
        case 5:
            printf("Friday");
            break;
        case 6:
            printf("Saturday");
            break;
        case 7:
            printf("Sunday");
            break;
        default:
            printf("error");
    }
    printf("\n");
    return 0;
}
```

（3）执行程序。要在 VC++ 2010 中编译、连接、运行程序，可使用快捷键 Ctrl+F5，输入 n 的值，此处输入“5”，程序运行结果如图 3-9 所示。

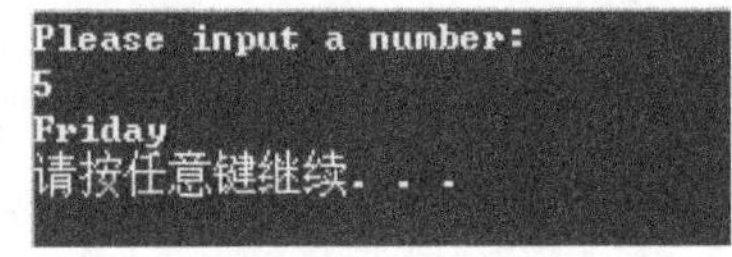


**图 3-9　实验案例 3-8 运行结果**

◇ 实验说明：

（1）对于 switch（表达式）语句的使用，一定要注意表达式的取值，表达式的值只能是整型和字符型数据。

（2）思考：每一个 case 分支后，都添加了 break 语句，如果不添加，会出现什么现象？

（3）延伸：输入百分制成绩，输出等级制成绩。比如：90 分以上，输出等级“A”；80~89 之间输出等级“B”；70~79 之间输出等级“C”；60~69 之间输出等级“D”；60 分以下，输出等级“E”。如何实现？

## 3.5　拓展练习

### 3.5.1　选择题

（1）设有条件表达式（EXP）? i++: j--，则以下表达式中与（EXP）完全等价的是________。

A）（EXP==0）　　B）（EXP!=0）　　C）（EXP==1）　　D）（EXP!=1）

（2）已有定义 char c;，程序前面已在命令中包含 ctype.h 文件。不能用于判断 c 中的字符是否为大写字母的表达式是________。

A）isupper(c)　　B）'A'<=c<='Z'

C）'A'<=c&&c<='Z'　　D）c<=('z'-32)&&('a'-32)<=c

（3）若整型变量 a、b、c、d 中的值依次为 1、4、3、2，则条件表达式 a<b？a：c<d？c：d 的值是________。

A）1　　B）2　　C）3　　D）4

（4）若变量 c 为 char 类型，能正确判断出 c 为小写字母的表达式是________。

A）'a'<=c<='z'　　B）(c>='a')||(c<='z')

C）('a'<=c)and('z'>=c)　　D）(c>='a')&&(c<='z')

（5）已有定义 int x=3，y=4，z=5；，则表达式!(x+y)+z-1&&y+z/2 的值是________。

A）6　　B）0　　C）2　　D）1

（6）以下关于逻辑运算符两侧运算对象的叙述中正确的是________。

A）只能是整数 0 或 1　　B）只能是整数 0 或非 0 整数

C）可以是结构体类型的数据　　D）可以是任意合法的表达式

（7）已知字母 A 的 ASCII 代码值为 65，若变量 kk 为 char 型，则以下不能正确判断出 kk 中的值为大写字母的表达式是________。

A）kk>='A'&&kk<='Z'　　B）!(kk>='A'||KK<='Z')

C）(kk+32)>='a'&&(kk+32)<='z'　　D）isalpha(kk)&&(kk<91)

（8）当变量 c 的值不为 2、4、6 时，值也为“真”的表达式是________。

A）(c==2)||(c==4)||(c==6)　　B）(c>=2&&c<=6)||(c!=3)||(c!=5)

C）(c>=2&&c<=6)&&!(c%2)　　D）(c>=2&&c<=6)&&(c%2!=1)

（9）若有表达式（w)？(--x)：(++y)，则其中与 w 等价的表达式是________。

A）w==1　　B）w==0　　C）w!=1　　D）w!=0

（10）若变量已正确定义，在 if（W）printf（"%d\n"，k）；中，以下不可替代 W 的是________。

A）a<>b+c　　B）ch=getchar()

C）a==b+c　　D）a++

（11）若有定义语句 int k1=10，k2=20；，执行表达式（k1=k1>k2）&&（k2=k2>k1）后，k1 和 k2 的值分别是________。

A）0 和 1　　B）0 和 20　　C）10 和 1　　D）10 和 20

（12）下列关系表达式中，结果为“假”的是________。

A）(3+4)>6　　B）(3!=4)>2　　C）3<=4||3　　D）(3<4)==1

（13）设 x、y、t 均为 int 型变量，则执行语句 x=y=3；t=++x||++y；后，y 的值为________。

A）不定值　　B）4　　C）3　　D）1

（14）假定 w、x、y、z、m 均为 int 型变量，有如下程序段：

```
w=1;
x=2;
y=3;z=4;
m=(w<x)? w:x;
m=(m<y)? m:y;
m=(m<z)? m:z;
```

则该程序段执行后，m 的值是________。

A）4　　B）3　　C）2　　D）1

（15）若 a 是数值类型，则逻辑表达式（a==1）||（a!=1）的值是________。

A）1　　　　B）0

C）2　　　　D）不知道 a 的值，不能确定

（16）以下 4 个选项，不能看作一条语句的是________。

A）{;}　　　　B）a=0,b=0,c=0;

C）if(a>0);　　　　D）if(b==0)m=1;n=2;

（17）以下是 if 语句的基本形式：

if（表达式）语句

其中，“表达式”________。

A）必须是逻辑表达式　　　　B）必须是关系表达式

C）必须是逻辑表达式或关系表达式　　　　D）可以是任意合法的表达式

（18）下面的程序片段：

```
y=-1;
if(x!=0)
if(x>0)y=1;else y=0;
```

所表示的数学函数关系是________。

① $y=\begin{cases}-1 & (x<0)\\ 0 & (x=0)\\ 1 & (x>0)\end{cases}$　② $y=\begin{cases}1 & (x<0)\\ -1 & (x=0)\\ 0 & (x>0)\end{cases}$　③ $y=\begin{cases}0 & (x<0)\\ -1 & (x=0)\\ 1 & (x>0)\end{cases}$　④ $y=\begin{cases}-1 & (x<0)\\ 1 & (x=0)\\ 0 & (x>0)\end{cases}$

A）①　　　　B）②　　　　C）③　　　　D）④

（19）有如下程序：

```
main()
{
    float  x=2.0,y;
    if(x<0.0)
        y=0.0;
    else if(x<10.0)
        y=1.0/x;
    else y=1.0;
    printf("%f\n",y);
}
```

该程序的输出结果是________。

A）0.000000　　　　B）0.250000　　　　C）0.500000　　　　D）1.000000

（20）有如下程序段：

```
int a=14,b=15,x;
char c='A';
x=(a&&b)&&(c<'B');
```

执行该程序段后，x 的值为________。

A）true　　　　B）false　　　　C）0　　　　D）1

（21）有定义语句“int a=1，b=2，c=3，x;”，则以下选项中的各程序段执行后，x 的值不为 3 的是________。

A） if(c<a)　x=1;
　　else if(b<a)x=2;
　　　　else x=3;

B） if(a<3)x=3;
　　else if(a<2)x=2;
　　　　else x=1;

C） if(a<3)x=3;
　　if(a<2)x=2;
　　if(a<1)x=1;

D） if(a<b)x=b;
　　if(b<c)x=c;
　　if(c<a)x=a;

（22）执行以下程序段后，w 的值为________。

```
int w='A',x=14,y=15;
w=((x||y)&&(w<'a'));
```

A） -1　　B） NULL　　C） 1　　D） 0

（23）以下程序段中，与语句 k=a>b?（b>c? 1:0):0;功能相同的是________。

A） if((a>b)&&(b>c))k=1;
　　else k=0;

B） if((a>b)||(b>c))k=1;
　　else k=0;

C） if(a<=b)k=0;
　　else if(b<=c)k=1;

D） if(a>b)k=1
　　else if(b>c)k=1;
　　else k=0;

（24）有如下嵌套的 if 语句：

```
if(a<b)
    if(a<c)k=a;
    else k=c;
else
    if(b<c)k=b;
    else k=c;
```

以下选项中与上述 if 语句等价的语句是________。

A） k=(a<b)? a:b;k=(b<c)? b:c;

B） k=(a<b)? ((b<c)? a:b):((b>c)? b:c);

C） k=(a<b)? ((a<c)? a:c):((b<c)? b:c);

D） k=(a<b)? a:b;k=(a<c)? a:c;

（25）下列条件语句中，输出结果与其他语句不同的是________。

A） if(a)printf(" %d\n",x);　else printf("%d\n",y);

B） if(a==0)printf(" %d\n",y);else printf("%d\n",x);

C） if(a!=0)printf(" %d\n",x);else printf("%d\n",y);

D） if(a==0)printf(" %d\n",x);else printf("%d\n",y);

### 3.5.2　程序填空

（1）求两个数中的最大值。

```
#include<stdio.h>
int main()
{
    int a,b,max;
```

```
    printf("Input the values of a and b:\n");
    scanf("%d,%d",&a,&b);
    ________
    printf("max=%d\n",max);
      return 0;
}
```

(2) 从键盘输入一个字符，如果是小写字母就打印输出。

```
#include<stdio.h>
int main()
{
    char ch;
    printf("Input the value of ch:\n");
    scanf("%c",&ch);
    ________
    printf("ch=%c\n",ch);
      return 0;
}
```

(3) 从键盘输入一个数字，如果是负数就打印输出它的相反数。

```
#include<stdio.h>
int main()
{
    intnum;
    printf("Input the value of the num:\n");
    scanf("%d",&num);
    ________
    printf("the opposite number is %d\n",num);
      return 0;
}
```

(4) 从键盘输入一个年份，判断该年是否是闰年。

```
#include<stdio.h>
    int main()
    {
    int year;
    printf("Inputthe year\n:");
    scanf("%d",&year);
/*闰年:能被400整除或者能被4整除但不能被100整除*/
    ________
    {
       printf("%d is leap year! \n", year);
    }
    else
    {
       printf("%d is not leap year! \n", year);
    }
    return 0;
    }
```

### 3.5.3　延伸任务

（1）仿照实验案例 3-7 编写程序：从键盘上输入 x 的值，按下式计算 y 的值。

$$y=\begin{cases} x & x<1 \\ 2x-1 & 1\leqslant x<10 \\ 3x-11 & x\geqslant 10 \end{cases}$$

（2）仿照实验案例 3-8 编写程序：编写计算器程序。要求如下：

1）从屏幕获取两个变量的值和一个算术运算符（+、-、*、/、%），对这两个变量进行相应的算术运算，输出计算结果，对于其他运算符给出错误信息。

2）用 switch 语句实现。程序运行结果参考如图 3-10 所示。

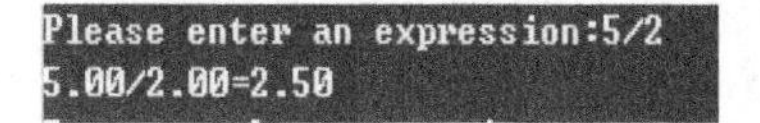


```
Please enter an expression:5&&7
invalid operator!
```

图 3-10　延伸任务（2）运行结果参考

（3）仿照实验案例 3-7 编写程序，运用编程的方法，实现一元二次方程$ax^2+bx+c=0$解的计算。若$b^2-4ac\geqslant 0$，可由 $x=\dfrac{-b\pm\sqrt{b^2-4ac}}{2a}$公式计算，否则方程无实根。程序运行结果参考如图 3-11 所示。

```
input quadratic equations:
2x^2+3x+1=0
the root x1=-0.500000,x2=-1.000000
```

```
input quadratic equations:
1x^2+2x+1=0
the root x1=x2=-1.000000
```

图 3-11　延伸任务（3）运行结果参考

### 3.5.4　阅读程序写结果

（1）阅读下列程序段：

```
#include<stdio.h>
int main()
{
    int a=10,b=40,c=30;
    if(a>b)
       a=b;
    b=c;
    c=a;
    printf("a=%d,b=%d,c=%d\n",a,b,c);
    return 0;
}
```

该程序的输出结果是________。

（2）阅读下列程序段：

```
#include<stdio.h>
int main()
{
    int x=10,y=20,t=0;
    if(x==y)
```

```
        t=x;
    x=y;
    y=t;
    printf("x=%d:y=%d\n",x,y);
    return 0;
}
```

该程序的输出结果是________。

（3）阅读下列程序段：

```
#include<stdio.h>
int main()
{
    int x;
    printf("Please input the value of x:");
    scanf("%d",&x);
    if(x>15)  printf("%d",x-5);
    if(x>10)  printf("%d",x);
    if(x>5)  printf("%d\n",x+5);
    return 0;
}
```

若运行该程序，从键盘输入数字 12 并按 Enter 键，则输出结果是________。

（4）阅读下列程序段：

```
#include<stdio.h>
int main()
{
    int x=100;
    if(x>100)
        printf("%d\n",x>100);
    else
        printf("%d\n",x<=100);
    return 0;
}
```

若运行该程序，则输出结果是________。

（5）执行下面的程序：

```
#include<stdio.h>
int main()
{
    int a,b,s;
    scanf("%d %d",&a,&b);
    s=a;
    if(a<b)s=b;
    s=s*s;
    printf("%d\n",s);
    return 0;
}
```

从键盘上输入 3 和 4，则输出是________。

（6）阅读下面程序：

```
#include<stdio.h>
int main()
{
    int x=100, a=10, b=20, ok1=5, ok2=0;
    if(a<b)
        if(b!=15)
            if(!ok1)  x=1;
            else if(ok2)x=10;
            x=-1;
            printf("%d\n",x);
            return 0;
}
```

其输出是________。

（7）阅读下面程序：

```
#include<stdio.h>
int main()
{
    int a=2,b=-1,c=2;
    if(a<b)
        if(b<c)
            c=0;
        else
            c++;
    printf("%d\n",c);
    return 0;
}
```

该程序的输出结果是________。

（8）若执行以下程序时从键盘上输入9，则输出结果是________。

```
#include<stdio.h>
int main()
{
    int n;
    scanf("%d:",&n);
    if(n++<10)printf("%d\n",n);
    else printf("%d\n",n--);
    return 0;
}
```

（9）有以下程序：

```
#include<stdio.h>
int main()
{
    int a=15,b=21,m=0;
    switch(a%3)
    {
    case 0:m++;break;
    case 1:m++;
        switch(b%2)
```

```
        {
        default:m++;
        case 0:m++;break;
        }
    }
    printf("%d\n",m);
    return 0;
}
```

程序运行后的输出结果是________。

(10) 有以下程序:

```
#include<stdio.h>
int main()
{
    int a=5,b=4,c=3,d=2;
    if(a>b>c)
        printf("%d\n",d);
    else if((c-1>=d)==1)
        printf("%d\n",d+1);
    else
        printf("%d\n",d+2);
    return 0;
}
```

执行后输出的结果是________。

(11) 以下程序:

```
#include<stdio.h>
int main()
{
    int a=1,b=2,c=3,d=0;
    if(a==1 && b++==2)
        if(b!=2||c--!=3)
            printf("%d,%d,%d\n",a,b,c);
        else printf("%d,%d,%d\n",a,b,c);
    else printf("%d,%d,%d\n",a,b,c);
    return 0;
}
```

程序运行后的输出结果是________。

(12) 有以下程序:

```
#include<stdio.h>
int main()
{
    int a=1, b=0;
    if(!a)  b++;
    else if(a==0)if(a)b+=2;
    else b+=3;
    printf("%d\n", b);
    return 0;
}
```

程序运行后的输出结果是________。

### 3.5.5　程序设计

（1）从键盘上输入一个3位数，判断该数是否是“回文数”。所谓“回文数”，是指一个整数，从左向右读和从右向左读，其值都相同。

（2）输入一个字符，请判断是字母、数字还是特殊字符。

（3）编写程序，对于给定的一个百分比制成绩，输出相应的等级制成绩。90分以上为“A”，80~89分为“B”，70~79分为“C”，60~69分为“D”，60分以下为“E”（用if-else与switch语句两种方法实现）。

## 3.6　拓展练习参考答案

扫码查看答案

# 第4章

# 循环结构程序设计

## 4.1 学习目标

◇ 掌握循环程序设计的分析思路；
◇ 熟练掌握 while 循环、do-while 循环、for 循环及循环嵌套的使用方法；
◇ 掌握循环语句的各种变体形式、执行流程、循环次数的计算；
◇ 掌握 break 和 continue 语句对循环的控制；
◇ 学会分析死循环或不循环的原因等；
◇ 结合程序掌握一些简单的算法。

## 4.2 知识重点

◇ 循环结构程序设计的思想；
◇ 循环判断条件；
◇ 循环体的确定；
◇ 循环辅助控制（break、continue 的使用方法）；
◇ 循环的嵌套；
◇ 结构化程序设计综合应用。

## 4.3 知识难点

◇ 循环判断条件及其使用；
◇ 循环体的确定；
◇ break 语句与 continue 语句对循环程序的作用及区别；
◇ 循环嵌套结构中内外循环体的确定。

## 4.4 案例及解析

### 4.4.1 实验案例 4-1

输入一个正整数 N，求出 $N^3$ 的各位数字的三次方和。

◇ 问题分析：

该问题要求从键盘输入一个正整数 N，求出 $N^3$（N＊N＊N），分解 $N^3$ 值的各位数字，最后求出各位数字的三次方和。

完整的应用程序应考虑 3 个部分的内容：数据的输入、数据的处理、结果的输出。

（1）数据的输入：从键盘上输入一个正整数 N，其数据类型只能是 int，用 scanf( ) 函数实现输入。

（2）数据的处理：计算 $N^3$ 的值（N＊N＊N），分解 $N^3$ 值的各位数字，求各位数字的三次方和。

（3）结果的输出：打印输出三次方和。

（4）在进行程序设计时，需合理设计变量的个数及其类型，例如本题需设置一个从键盘输入的整型数据 N，再设置 3 个整型变量 a、b、c 来存放中间结果。

（5）运用本章知识点：循环结构。

◇ 实验步骤：

（1）打开 VC++ 2010 集成开发环境，正确创建一个 C 源文件。

（2）在代码编辑窗口输入代码，代码如下：

```
#include<stdio.h>
int main()
{
    int N,a,b,c=0;
    printf("Please input a number:\n");
    scanf("%d",&N);
    a=N*N*N;
    while(a>=1)
    {
        b=a%10;
        c+=b*b*b;
        a=a/10;
    }
    printf("c=%d\n",c);
    return 0;
}
```

（3）执行程序。要在 VC++ 2010 中编译、连接、运行程序，可使用快捷键 Ctrl+F5，输入 N 的值，此处输入“5”，程序运行结果如图 4-1 所示。

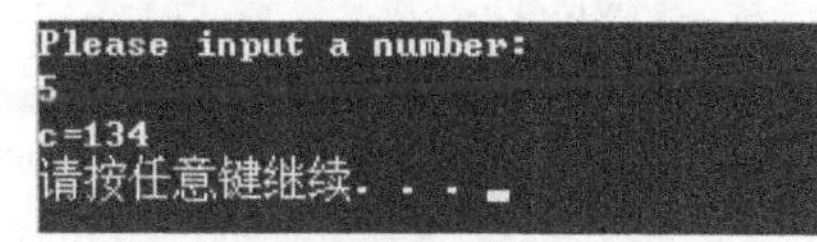


**图 4-1　实验案例 4-1 运行结果**

◇ 实验说明：

（1）明确循环结束的条件。

（2）拆分数字的方法同第 3 章讲到的方法一致。

（3）思考：尝试用 do-while 循环改写。

### 4.4.2　实验案例 4-2

多次输入 a 和 b，并打印输出它们的和。

◇ 问题分析：

该问题要求从键盘多次输入两个数 a 和 b，计算它们的和，并打印输出，因此用循环来控制。循环体部分就是数据的输入、和的计算和结果的输出。

完整的应用程序应考虑3个部分的内容：数据的输入、数据的处理、结果的输出。

（1）数据的输入：从键盘上输入两个数a和b，因为是数值型数据，所以只能用scanf( )函数实现输入。

（2）数据的处理：计算它们的和sum=a+b。

（3）结果的输出：打印输出计算结果。

（4）在进行程序设计时，需合理设计变量的个数及其类型，例如本题需设置从键盘输入的数据a和b，再设置一个变量sum来存放中间结果，a、b和sum的数据类型可以是int、float和double。同时需设置一个int变量i来控制循环的次数。

（5）运用本章知识点：循环结构。

◇ 实验步骤：

（1）打开VC++ 2010集成开发环境，正确创建一个C源文件。

（2）在代码编辑窗口输入代码，代码如下：

```
#include<stdio.h>
int main()
{
    int a,b,i,n,sum;
    printf("Please input the value of times:\n");
    scanf("%d",&n);              //n为计算次数
    for(i=1;i<=n;i++)
    {
        printf("Input the values of a、b \n");
        scanf("%d%d",&a,&b);
        sum=a+b;
        printf("The numbers are %d and%d\n",a,b);
        printf("The sum is %d\n",sum);
    }
    return 0;
}
```

（3）执行程序。要在VC++ 2010中编译、连接、运行程序，可使用快捷键Ctrl+F5，先输入n的值（如5），再输入a和b的值（如2、3），程序运行结果如图4-2所示。

```
Please input the value of times:
2
Input the values of a、b
5 6
The numbers are 5 and 6
The sum is 11
Input the values of a、b
12 56
The numbers are 12 and 56
The sum is 68
请按任意键继续. . .
```

图4-2　实验案例4-2运行结果

◇ 实验说明：

（1）输入时注意其他字符的原样输入。

（2）思考：尝试用while、do-while循环改写。

（3）思考：尝试在for循环表达式默认的情况下修改程序。

### 4.4.3　实验案例4-3

输入n值，并利用下列格里高利公式计算并输出圆周率：$\pi=1-\frac{1}{3}+\frac{1}{5}-\frac{1}{7}+\frac{1}{9}-\frac{1}{11}+\cdots+\frac{1}{n}$。

◇ 问题分析：

该问题要求从键盘输入 n 值，根据公式可以看出，是典型的累加求和，只需找到该计算公式的通式项，即可实现该问题的编程。

完整的应用程序应考虑 3 个部分的内容：数据的输入、数据的处理、结果的输出。

（1）数据的输入：从键盘上输入 n，用 scanf( ) 函数实现输入。

（2）数据的处理：累加求和，其求和的结果一定是浮点数，故其变量应设置为浮点型。

（3）结果的输出：打印输出计算结果。

（4）在进行程序设计时，需合理设计变量的个数及类型。例如本题需设置一个从键盘输入的 n，此时的 n 只能设置为浮点型（float 或 double 均可）；设置两个数据类型为浮点型（float 或 double 均可）的中间变量 sum 和 f 来存放中间结果，设置一个整型（int）变量 i 来控制循环次数，设置一个浮点型（float 或 double 均可）变量 p 来存放计算结果，同时需设置一个整型（int）变量 i 来控制循环的次数。

（5）运用本章知识点：循环结构。

◇ 实验步骤：

（1）打开 VC++ 2010 集成开发环境，正确创建一个 C 源文件。

（2）在代码编辑窗口输入代码，代码如下：

```
#include<stdio.h>
int main()
{
    double f=1.0;
    double n,sum=0,p;
    int i;
    printf("Please input the value of n:\n");
    scanf("%lf",&n);
    n=n*2;
    for(i=1;i<=n;i++)
    {
        sum+=f/(2*i-1);
        f=-f;
    }
    p=sum*4;
    printf("The circumference ratio is %.5lf\n",p);
    return 0;
}
```

（3）执行程序。要在 VC++ 2010 中编译、连接、运行程序，可直接使用快捷键 Ctrl+F5，输入 n 的值（如 100），程序运行结果如图 4-3 所示。

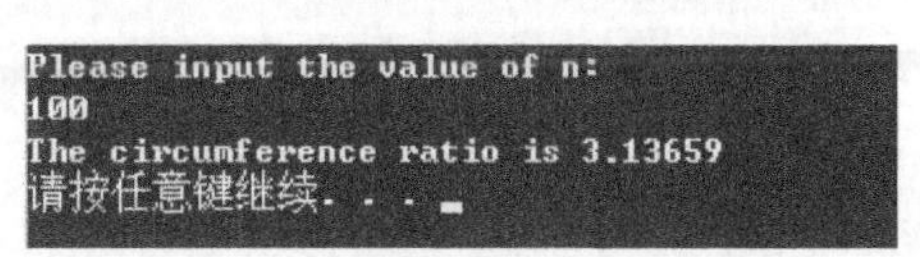


图 4-3　实验案例 4-3 运行结果

◇ 实验说明：

（1）注意公式中的符号变化规律。

（2）尝试用 while、do-while 循环改写。

（3）思考：为什么 n 只能设置为浮点型数据？

### 4.4.4　实验案例 4-4

从键盘上输入任意一个正整数，判断该数是否为素数。如果是素数则输出“This is a

prime.”，否则输出“This is not a prime.”。

◇ 问题分析：

该问题要求从键盘输入任意一个正整数 n，判断 n 是否为素数。而判断一个数是否是素数，需用 n 除以 2～n-1 的所有数，如果都不能整除，则说明该数是素数，否则不是素数。如果 n 是素数，则输出“This is a prime.”，否则输出“This is not a prime.”。

完整的应用程序应考虑 3 个部分的内容：数据的输入、数据的处理、结果的输出。

（1）数据的输入：从键盘上输入正整数 n，其数据类型应设置为整型（int），用 scanf( ) 函数实现输入。

（2）数据的处理：使用 n 除以 2～n-1 的所有数。由于存在重复同一类型的操作，故需用到循环结构。若找到第 1 个能被整除的数，则说明该数不是素数，即可强制退出判定，说明该数不是素数。

（3）结果的输出：根据判定，打印最终结果。

（4）在进行程序设计时，需合理设计变量的个数及其类型。例如本题需设置一个从键盘输入的正整数 n，此时的 n 只能设置为整型（int），设置一个整型（int）变量 i 来控制循环次数。

（5）运用本章知识点：循环结构。

◇ 实验步骤：

（1）打开 VC++ 2010 集成开发环境，正确创建一个 C 源文件。

（2）在代码编辑窗口输入代码，代码如下：

```
#include<stdio.h>
int main()
{
    int n,i;
    printf("Please input a number:\n");
    scanf("%d",&n);
    if(n<2)
        printf("This is not a prime.");
    else if(n==2)
        printf("This is a prime.");
    else
    {
        for(i=2;i<n;i++)
        {
            if(n%i==0)
                    break;
        }
        if(i==n)
            printf("This is a prime.\n");
        else
            printf("This is not a prime.\n");
    }
    return 0;
}
```

（3）执行程序。要在 VC++ 2010 中编译、连接、运行程序，可使用快捷键 Ctrl+F5，先输入 n 的值，程序运行结果如图 4-4 所示。

◇ 实验说明：

（1）思考：程序中有 break 语句，起到什么作用？可否换成 continue 语句？

（2）思考：如何改进算法，提高执行效率？

（3）程序段中最前面的两个 if 结构是否可以省略？

（4）循环控制条件可否改为 i<=n？

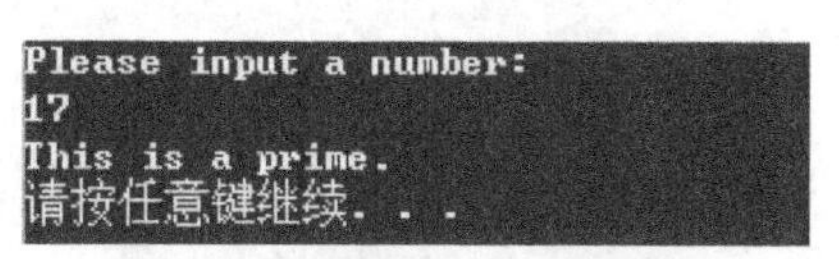


**图 4-4　实验案例 4-4 运行结果**

## 4.4.5　实验案例 4-5

随机产生一个数 maigc，由用户猜，根据用户输入的数据和随机产生的数据进行比较的结果提示“正确”“太大”或“太小”，最多猜测 5 次。

◇ 问题分析：

该问题在前面选择结构的时候进行过一次猜测，现在要实现多次猜测，则是将一次猜测进行多次重复。因此，要实现多次猜测，只需在实现一次猜测的基础上加上一个循环即可。

完整的应用程序应考虑 3 个部分的内容：数据的输入、数据的处理、结果的输出。具体步骤如下：

（1）数据的输入：该题的数据由计算机随机产生，因此不存在从键盘输入数据。

（2）数据的处理：将人猜测的数据和计算机“想出”的数据进行比较，因此需要用到选择结构。又因为要进行多次猜测，且次数已知，所以还需用到循环结构。

（3）结果的输出：根据比较结果进行输出，需用到标准输出函数 printf( ) 函数。

（4）在进行程序设计时，需合理设计变量的个数及其类型，例如本题需设置一个计算机随机产生的数据 magic 和存放用户猜测的数据 guess，此两变量的数据类型是整型（int），再设置一个整型（int）变量 count 来控制循环的次数。

（5）运用本章知识点：循环结构。

◇ 实验步骤：

（1）打开 VC++ 2010 集成开发环境，正确创建一个 C 源文件。

（2）在代码编辑窗口输入代码，代码如下：

```
#include<stdio.h>
#include<stdlib.h>
#include<time.h>
int main()
{
    int magic,count;
    int guess=0;
    srand((unsigned int)time(NULL));
    magic=rand()%100+1;
    count=1;
    do
    {
        printf("Please guess a magic number:\n");
        scanf("%d", &guess);
        if(guess>magic)
```

```
            printf("Wrong! Too high!\n");
        else if(guess<magic)
                printf("Wrong! Too low!\n");
            else
                printf("Right! \n");
        count++;
    }while(count<=5);
    printf("The number is:%d \n", magic);
    printf("game over!\n");
    return 0;
}
```

（3）执行程序。要在 VC++ 2010 中编译、连接、运行程序，可直接使用快捷键 Ctrl+F5，先输入 guess 的值，程序运行结果如图 4-5 所示。

```
Please guess a magic number:
25
Wrong! Too low!
Please guess a magic number:
35
Wrong! Too low!
Please guess a magic number:
85
Wrong! Too high!
Please guess a magic number:
75
Wrong! Too high!
Please guess a magic number:
60
Wrong! Too high!
The number is:52
game over!
请按任意键继续. . .
```

图 4-5　实验案例 4-5 运行结果

◇ 实验说明：

（1）如果一直猜数，直到猜到为止，则应如何修改程序？

（2）如何用 for 循环进行改写？

### 4.4.6　实验案例 4-6

在屏幕上输出图 4-6 所示的 9 * 9 乘法表，要求排列整齐。

扫码看视频讲解

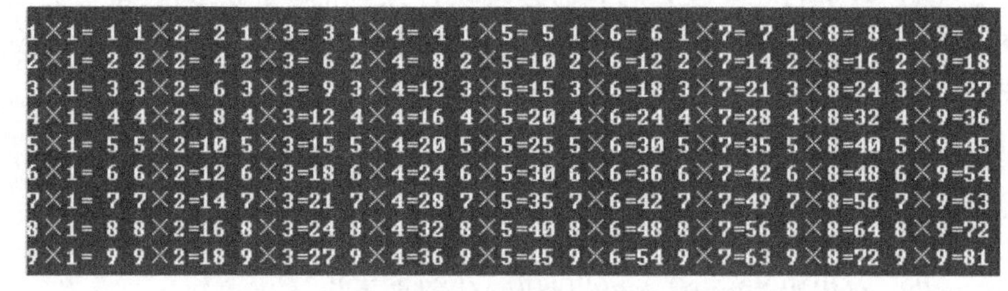


图 4-6　实验案例 4-6 输出示例

◇ 问题分析：

针对这样有规则的输出，尝试把复杂问题简单化，先观察第 1 行的输出，可以发现：发生变化的是乘数，如果用一个变量 b 来表示，则可以写出第 1 行的整体通项式是 1 * b，b 的取值范围是［1，9］，其变化规律是每次在原来的基础上加 1。

由此可以得出：要实现第 1 行的输出，用一个循环结构即可实现。

观察第 2 行发现：发生变化的也是乘数，用变量 b 来表示，则可以写出第 2 行的整体通项式是 2 * b，取值范围和变化规律同第 1 行。第 3 行及其以后的行输出都是如此。

如果把被乘数也用一个变量 a 来表示，即可发现整个输出规律就是 a * b，a 的取值范围是［1，9］，其变化规律是在上一次的基础上加 1。对于被乘数有规律的变化，也可以用循环结构来实现。当 a=1 时，b 从 1 变化到 9；随后 a=2，b 再次从 1 变化到 9。

由此可以看出：控制 a 变化的循环，其循环体部分就是控制 b 变化的循环，即两个循环进行了嵌套。

完整的应用程序应考虑3个部分的内容：数据的输入、数据的处理、结果的输出。具体步骤如下：

（1）数据的输入：本题不存在从键盘输入数据，因此无数据输入。

（2）数据的处理和结果的输出：根据上述分析，将数据处理和输出用循环嵌套控制完成，输出时需用到标准输出函数printf()。

（3）在进行程序设计时，需合理设计变量的个数及其类型，例如本题需设置两个整型（int）变量a、b来分别控制循环的次数。

（4）运用本章知识点：循环结构的嵌套。

◇ 实验步骤：

（1）打开VC++ 2010集成开发环境，正确创建一个C源文件。

（2）在代码编辑窗口输入代码，参考代码如下：

```
#include<stdio.h>
void main()
{
    int a,b;
    for(a=1;a<=9;a++)
    {
        for(b=1;b<=9;b++)
            printf("%d*%d=%-4d",a,b,a*b);
        printf("\n");
    }
    printf("\n");
}
```

（3）执行程序。要在VC++ 2010中编译、连接、运行程序，可直接使用快捷键Ctrl+F5，程序运行结果如图4-6所示。

◇ 实验说明：

（1）该实验是一个非常典型的案例，对于这种有规律的行列矩阵式的输出，需用循环的嵌套来实现，外层循环控制行的变化，内层循环控制列的变化。

（2）思考：printf（"%d*%d=%-4d"，a，b，a*b）语句中的%-4d实现什么功能？

（3）思考：在内层循环结束后，为什么会有printf("\n")语句，起到什么作用？

（4）思考：如果要输出下三角或上三角排列的九九乘法表，该如何修改程序？

## 4.5　拓展练习

### 4.5.1　选择题

（1）在以下给出的表达式中，与while（E）中的（E）不等价的表达式是________。

A）(!E==0)　　B）(E>0||E<0)　　C）(E==0)　　D）(E!=0)

（2）C语言中，下列叙述正确的是________。

A）不能使用do-while语句构成循环

B）do-while语句构成的循环，必须用break语句才能退出

C）do-while 语句构成的循环，当 while 语句中的表达式值为非零时结束

D）do-while 语句构成的循环，当 while 语句中的表达式值为零时结束

（3）以下叙述中错误的是________。

A）C 语句必须以分号结束

B）复合语句在语法上被看作一条语句

C）空语句出现在任何位置都不会影响程序运行

D）赋值表达式末尾加分号就构成赋值语句

（4）以下的 for 循环：

```
for(x=0,y=0;(y!=123)&&(x<4);x++);
```

A）是无限循环　　B）循环次数不定　　C）执行 4 次　　D）执行 3 次

（5）设变量已正确定义，则以下能正确计算 f=n！的程序段是________。

A）f=0;for(i=1;i<=n;i++)　f*=i;

B）f=1;for(i=1;i<n;i++)　f*=i;

C）f=1;for(i=n;i>1;i++)　f*=i;

D）f=1;for(i=n;i>=2;i--)　f*=i;

（6）有以下程序段：

```
int n,t=1,s=0;
scanf("%d",&n);
do
{
    s=s+t;
    t=t-2;
} while(t!=n);
```

为使此程序段不陷入死循环，从键盘输入的数据应该是________。

A）任意正奇数　　B）任意负偶数　　C）任意正偶数　　D）任意负奇数

（7）有如下程序：

```
main()
{
    int n=9;
    while(n>6)
    {n--;printf("%d",n);}
}
```

该程序段的输出结果是________。

A）987　　B）876　　C）8765　　D）9876

（8）以下程序的输出结果是________。

```
main()
{
    int  num=0;
    while(num<=2)
    {
        num++;  printf("%d",num);
    }
}
```

A）1234　　B）123　　C）12　　D）1

（9）有以下程序段：

```
int x=3;
do
{
   printf("%d",x-=2);}
while(!(--x));
```

其输出结果是________。

A）1　　B）3　0　　C）1　-2　　D）死循环

（10）有以下程序：

```
main()
{
    int i,s=0;
    for(i=1;i<10;i+=2) s+=i+1;
    printf("%d\n",s);
}
```

程序执行后的输出结果是________。

A）自然数1~9的累加和　　B）自然数1~10的累加和

C）自然数1~9中奇数之和　　D）自然数1~10中偶数之和

（11）有如下程序：

```
main()
{
    int  i,sum;
    for(i=1;i<=3;sum++)  sum +=i;
    printf("%d\n",sum);
}
```

该程序的执行结果是________。

A）6　　B）3　　C）死循环　　D）0

（12）下面程序的输出是________。

```
main()
{
    int x=3,y=6,a=0;
    while(x++!=(y-=1))
    {
        a+=1;
        if (y<x) break;
    }
    printf("x=%d,y=%d,a=%d\n",x,y,a);
}
```

A）x=4，y=4，a=1　　B）x=5，y=5，a=1

C）x=5，y=4，a=3　　D）x=5，y=4，a=1

（13）以下程序中，while循环的循环次数是________。

```
main()
{
```

```
    int i=0;
    while(i<10)
    {
        if(i<1) continue;
        if(i==5)break;
        i++;
    }
}
```

A）1　　　　B）10

C）6　　　　D）死循环，不能确定次数

（14）有以下程序：

```
main()
{
    int k=4,n=0;
    for(;n<k;)
    {
        n++;
        if(n%3!=0)  continue;
        k--;
    }
    printf("%d,%d\n",k,n);
}
```

程序运行后的输出结果是________。

A）1，1　　B）2，2　　C）3，3　　D）4，4

（15）下面程序：

```
main()
{
    int y=9;
    for(;y>0;y--)
    {
        if(y%3==0)
        {
            printf("%d",--y);
            continue;
        }
    }
}
```

程序运行后的输出结果是________。

A）741　　B）852　　C）963　　D）875421

（16）有如下程序：

```
#include<stdio.h>
#define  N  2
#define  M  N+1
#define  NUM  2*M+1
main()
```

```
{
    int  i;
    for(i=1;i<=NUM;i++)printf("%d\n",i);
}
```

该程序中的 for 循环执行的次数是________。

A）5　　B）6　　C）7　　D）8

（17）要求以下程序的功能是计算 $s=1+\frac{1}{2}+\frac{1}{3}+\cdots+\frac{1}{10}$。

```
main()
{
    int n;float s;
    s=1.0;
    for(n=10;n>1;n--)
        s=s+1/n;
    printf("%6.4f\n",s);
}
```

程序运行后输出结果错误，导致错误结果的程序行是________。

A）s=1.0;　　B）for(n=10;n>1;n--)

C）s=s+1/n;　　D）printf("%6.4f\n",s);

（18）有以下程序：

```
main()
{
    char k;int i;
    for(i=1;i<3;i++)
    {
        scanf("%c",&k);
        switch(k)
        {
        case'0': printf("another\n");
        case'1': printf("number\n");
        }
    }
}
```

程序运行时，从键盘输入 01 后按 Enter 键，程序执行后的输出结果是________。

A）another<br>number

B）another<br>number<br>another

C）another<br>number<br>number

D）number<br>number

（19）有以下程序：

```
main()
{
    int x=0,y=5,z=3;
    while(z-->0&&++x<5) y=y-1;
    printf("%d,%d,%d\n",x,y,z);
}
```

程序执行后的输出结果是________。

A) 3, 2, 0　　B) 3, 2, -1

C) 4, 3, -1　　D) 5, -2, -5

### 4.5.2 程序填空

(1) 下面程序的功能是输出以下形式的金字塔图案：

```
       *
     * * *
   * * * * *
 * * * * * * *
#include <stdio.h>
int main()
{
    int i,j;
    for(i=1;i<=4;i++)
    {
        for(j=1;j<=4-i;j++)
            printf(" ");
        for(j=1;_______;j++)
            printf("*");
        printf("\n");
    }
    return 0;
}
```

(2) 有一个分数序列为$\frac{2}{1}$，$\frac{3}{2}$，$\frac{5}{3}$，$\frac{8}{5}$，$\frac{13}{8}$，…，编写程序求出这个序列的前 n 项之和。

```
#include <stdio.h>
#include <stdlib.h>
int main()
{
    int n,i,t;
    double sum=0.0,a=1.0,b=2.0;
    scanf("%d",&n);
    for(i=1;i<=n;i++)
    {
________
        t=b;
        b+=a;
        a=t;
    }
    printf("%.6f\n",sum);
    return 0;
}
```

(3) 从键盘输入一个整数 n（1≤n≤9），打印出指定的菱形，如图 4-7 所示。

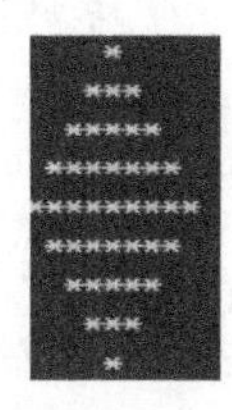

图 4-7 程序填空题（3）运行结果示例

```
#include <stdio.h>
#include <stdlib.h>
int main()
{
    int n,i,c,temp;
    scanf("%d",&n);
    for(i=1;i<=n;i++)
    {
        for(temp=i;temp<n;temp++)
            ①________
        for(c=1;c<=i;c++)
            ②________
        for(c=i-1;c>0;c--)
            ③________
        printf("/n");

    }
  ④________
   {
      for(temp=i;temp<n;temp++)
         printf(" ");
      for(c=1;c<=i;c++)
         printf("*");
      for(c=i-1;c>0;c--)
         printf("*");
      printf("\n");
    }
return 0;
}
```

## 4.5.3 延伸任务

（1）仿照实验案例 4-1 编写程序：春天是鲜花的季节，水仙花就是其中最迷人的代表，数学上有个水仙花数，是这样定义的：“水仙花数”是指一个 3 位数，它的各位数字的三次方和等于其本身，比如 $153=1^3+5^3+3^3$。现在要求输出所有在 m 和 n 范围内的水仙花数。

（2）仿照实验案例 4-1 编写程序：给定一个整数，求出该数所有数位中是偶数的数位的和。例如，对于 1243654678，那么答案就是 2+4+6+4+6+8。

（3）仿照实验案例 4-2 编写程序：请用 C 语言编写一个程序，此程序接收一个正整数n，然后打印输出如下所示的数据。例如，此程序接收正整数 5，那么会输出以下格式的数据：

```
5*1=5
5*2=10
5*3=15
5*4=20
5*5=25
```

（4）仿照实验案例 4-3 编写程序：求 s=a+aa+aaa+aaaa+…+aa…aa（n 位），其中，a 的值由键盘输入，位数 n 也由键盘输入。

（5）仿照实验案例 4-4 编写程序：计算 3~100 之间所有素数的平方根之和，并输出。

（6）仿照实验案例 4-5 编写程序：实现多轮猜多个数字。

### 4.5.4 阅读程序写结果

（1）阅读下列程序段：

```c
#include <stdio.h>
#define N 2
#define M N+1
#define NUM (M+1)*M/2
int main()
{
    int i,n=0;
    for(i=1;i<=NUM;i++)
    {
        n++;printf("%d",n);
    }
    printf("\n");
}
```

该程序的输出结果是________。

（2）阅读下列程序段：

```c
#include <stdio.h>
int main()
{
      int n=9;
    while(n>6)
    {
      n--;
      printf("%d",n);
    }
}
```

该程序的输出结果是________。

（3）阅读下列程序段：

```c
#include <stdio.h>
int main()
{
```

```
    int i,sum;
    for(i=1;i<=3;sum++)   sum +=i;
    printf("%d\n",sum);
}
```

该程序的输出结果是________。

(4) 阅读下列程序段：

```
#include <stdio.h>
int main()
{
    int i=0,s=0;
    do{
        if(i%2){i++;continue;}
        i++;
        s+=i;
    } while(i<7);
    printf("%d\n",s);
}
```

执行后输出的结果是________。

(5) 阅读下列程序段：

```
#include <stdio.h>
int main()
{
    int i;
    for(i=0;i<3;i++)
    switch(i)
    { case 1: printf("%d",i);
      case 2: printf("%d",i);
      default: printf("%d",i);
    }
    return 0;
}
```

执行后输出的结果是________。

(6) 阅读下列程序段：

```
#include <stdio.h>
int main()
{
    int k=4,n=0;
    for(;n<k;)
    {
        n++;
        if(n%3!=0)   continue;
            k--;
    }
    printf("%d,%d\n",k,n);
}
```

程序运行后的输出结果是________。

（7）阅读下列程序段：

```
#include <stdio.h>
int main()
{
    int i=0,a=0;
    while(i<20)
    {  for(;;)
        {  if((i%10)==0) break;
           else    i--;
        }
        i+=11;a+=i;
    }
    printf("%d\n",a);
    return 0;
}
```

程序运行后的输出结果是________。

（8）阅读下列程序段：

```
#include <stdio.h>
int main()
{
    char a,b,c;
    b='1';
    c='A';
    for(a=0;a<6;a++)
    {  if(a%2)  putchar(b+a);
       else    putchar(c+a);
    }
    return 0;
}
```

程序运行后的输出结果是________。

（9）阅读下列程序段：

```
#include <stdio.h>
int main()
{
    int a=1,b=2;
    while(a<6)  {b+=a;a+=2;b%=10;}
    printf("%d,%d\n",a,b);
    return 0;
}
```

程序运行后的输出结果是________。

（10）阅读下列程序段：

```
#include <stdio.h>
int main()
{
int a=1,b;
    for(b=1;b<=10;b++)
```

```
    {
      if (a>=8) break;
        if (a%2==1)
          {
              a+=5;
              continue;
          }
        a-=3;
      }
        printf("%d\n",b);
    return 0;
}
```

程序运行后的输出结果是________。

(11) 阅读下列程序段：

```
#include <stdio.h>
int main()
{
    int a=0,i;
      for(i=1;i<5;i++)
      {
          switch(i)
          {
              case 0:
              case 3:a+=2;
              case 1:
              case 2:a+=3;
              default:a+=5;
          }
      }
      printf("%d\n",a);
      return 0;
}
```

程序运行后的输出结果是________。

(12) 阅读下列程序段：

```
#include <stdio.h>
int main()
{
    int i,j;
    for(i=3;i>=1;i--)
    {  for(j=1;j<=2;j++) printf("%d",i+j);
        printf("\t");
    }
    return 0;
}
```

程序运行后的输出结果是________。

### 4.5.5 程序设计

(1) 相传国际象棋是古印度舍罕王的宰相达依尔发明的。舍罕王十分喜欢宰相发明的象棋，决定让宰相选择何种赏赐。这位聪明的宰相指着 8×8 共 64 格的象棋盘说：“陛下，请您赏我一些麦子吧，就在棋盘的第一个格子中放 1 粒，第 2 格中放 2 粒，第 3 格中放 4 粒，以后每一格都比前一格增加一倍，依次放完棋盘上的64个格子。我就感激不尽了。”舍罕王让人扛来一袋麦子，他要兑现他的许诺。请问：国王能兑现他的承诺吗？

编程计算舍罕王共需要多少粒麦子赏赐他的宰相，这些麦子相当于多少立方米？（$1m^3$ 麦子约 1.42e8 粒）

(2) 请编写程序实现：计算 3～100 之间所有素数的二次方根之和，并输出。s=148.874270。

## 4.6 拓展练习参考答案

扫码查看答案

# 第5章

# 函　数

## 5.1　学习目标

◇ 理解函数的类型概念；
◇ 掌握函数的声明方式和定义方法；
◇ 掌握函数的调用方法；
◇ 了解递归函数的概念；
◇ 掌握变量的作用域和生存期。

## 5.2　知识重点

◇ 函数的定义方法；
◇ 函数的参数传递；
◇ 函数返回值。

## 5.3　知识难点

◇ C 程序关于函数的定义；
◇ 函数的调用；
◇ 模块化程序设计；
◇ 函数的调试方法；
◇ 局部变量和全局变量的特点。

## 5.4　案例及解析

### 5.4.1　实验案例 5-1

分别输入图 5-1、图 5-2 所示的代码，运行并输出结果，比较两种程序的编写方式，思考采用函数编制程序的优点。

```c
1  #include <stdio.h>
2  int main()
3  {
4      printf("**********\n");
5      printf("**********\n");
6      printf("**********\n");
7      printf("**********\n");
8      printf("**********\n");
9      printf("**********\n");
10     return 0;
11 }
```

**图 5-1　实验案例 5-1 代码图 1**

```c
1  #include <stdio.h>
2  /*
3  功能：实现输出一行有10个*的功能
4  参数：无
5  返回值：无
6  */
7  void show()
8  {
9  /**********Program**********/
10     printf("**********\n");
11 /**********  End  **********/
12 }
13
14 int main()
15 {
16     for(int i=0;i<=5;i++)
17     {
18         show();
19     }
20     return 0;
21 }
```

**图 5-2　实验案例 5-1 代码图 2**

◇ 问题分析：

（1）本例子属于验证性实验，建立两个 C 语言程序，分别输入图 5-1、图 5-2 所示的代码，查看运行结果。

（2）观察图 5-2 所示的程序，了解函数定义和函数调用的方法。

◇ 实验步骤：

（1）采用 VC++ 2010 集成开发环境，正确创建图 5-1 所示的第一个程序，运行并输出结果。

（2）采用 VC++ 2010 集成开发环境，正确创建图 5-2 所示的第二个程序，运行并输出结果。

◇ 实验说明：

（1）函数定义时需要确定函数名、函数体、函数返回值类型、参数等问题。void 代表当前函数无返回值。

（2）函数体编写时需要给出函数注释，如函数功能、参数数据类型、返回值类型、创建者、创建时间等。

（3）函数体编写完成后，可在主函数中调用。

### 5.4.2　实验案例 5-2

扫码看视频讲解

按照图 5-3 所示的代码图，编写函数 fun( )，实现字符的切换功能。即字符若为小写字母，就转换成大写字母的 ASCII 值；若为大写字母，就转换成小写字母的 ASCII 值；若是数字字符，就转换成阿拉伯数字，其他字符不变。该函数以 ASCII 值形式返回主函数输出。尝试运用断点调试函数的方法查看函数的执行过程。

```
(全局范围)
1  #include<stdio.h>
2  /*
3  函数功能：字符的切换功能。即字符若为小写字母就转换成大写字母；
4  若为大写字母就转换成小写字母；如果是数字字符就转换成阿拉伯数字，其他字符不变。
5  参数：字符ch
6  返回值：转换后的ASCII值
7  */
8  int fun(char ch)
9  {
10 /**********Program**********/
11
12
13 /**********  End  **********/
14 }
15
16 int main()
17 {
18     char ch;
19     ch=getchar();
20     printf("%d\n",fun(ch));
21     return 0;
22 }
```

**图 5-3　实验案例 5-2 代码图**

◇ 问题分析：

（1）本案例在给出的代码结构上编写函数 fun( )。

（2）函数处理：根据形参 ch，判断字符 ch 是大写字母、小写字母还是数字字符。根据形参所属类型进行相应转换，小写字母转换成大写字母 ASCII 值，大写字母转换为小写字母 ASCII 值，数字字符转换为阿拉伯数字，其余不转换。

（3）函数返回：返回字母的 ASCII 值。

◇ 实验步骤：

（1）采用 VC++ 2010 集成开发环境，建立该程序。

（2）编写函数，实现函数功能，参考代码如图 5-4 所示。

（3）在主函数调用函数处设置断点，采用单步调试方法查看函数执行的过程。

（4）运行程序，输入测试数据，程序运行结果如图 5-5 所示，查看运行结果是否正确。

◇ 实验说明：

（1）函数名 fun 前面的数据类型 int 代表函数应返回一个整型值。

```c
1  #include<stdio.h>
2  /*函数功能：现字符的切换功能。即字符若为小写字母就转换成大写字母ASCII值；
3  若为大写字母，就转换成小写字母ASCII值；如果是数字字符，就转换成阿拉伯数字，
   其他字符不变。
4  参数：字符ch
5  返回值：转换后的ASCII值*/
6  int fun(char ch)
7  {
8  /**********Program**********/
9      if(ch>='a' && ch<='z')          //若是小写字母，转换为大写字母
10     {
11         ch=ch-32;
12     }
13     else if(ch>='A' && ch<='Z')   //若是大写字母，转换为小写字母
14     {
15         ch=ch+32;
16     }
17     else if(ch>='0'&& ch<='9')    //若是数字字母，转换为数字
18     {
19         ch=ch-48;
20     }
21
22     return ch;
23
24 /**********  End  **********/
25 }
26
27 int main()
28 {
29     char ch;
30     ch=getchar();
31     printf("%d\n",fun(ch));
32     return 0;
33 }
```

图 5-4 实验案例 5-2 函数参考代码

图 5-5 实验案例 5-2 运行结果

（2）小写字母判断方法：判断变量 ch 是否满足 ch>='a'&& ch<='z'。

（3）大写字母的判断方法：判断变量 ch 是否满足 ch>='A'&& ch<='Z'。

（4）数字字符的判断方法：判断变量 ch 是否满足 ch>='0'&& ch<='9'。

（5）大写字母与小写字母的 ASCII 值相差 32，因此大写字母转换为小写字母是 ASCII 值加 32，小写字母转换为大写字母是字符的 ASCII 值减 32；字符“0”的 ASCII 值为 48，故数字字符转换为阿拉伯数字需用 ASCII 值减 48。

（6）函数值通过 return 返回主函数。

### 5.4.3 实验案例 5-3

请编写函数，其功能是计算 3~n 之间所有素数的二次方根之和。例如，在主函数中从键盘输入 n 为 100 后，输出为 sum=148.874270。（注意：要求 n 的值大于 2 且不超过 100）

◇ 问题分析：

（1）主函数中接收从键盘输入的 n 值。

（2）调用函数，实现求 3~n 之间所有素数的二次方根之和。

（3）输出函数返回值。

◇ 实验步骤：

（1）采用 VC++ 2010 集成开发环境，正确建立 C 程序源文件。

（2）编写程序，实现程序功能，功能函数参考代码如图 5-6 所示，主函数参考代码如图 5-7 所示。

```
1  #include <math.h>
2  #include <stdio.h>
3  /*
4  函数功能：实现求3~n之间的所有素数的二次方根之和
5  参数：n，整型，大于3的一个整数
6  返回值：double 类型
7  */
8  double fun(int  n)
9  {
10     double sum=0;
11     int i,j;
12     for(i=3;i<=n;i++)
13     {
14         for(j=2;j<=i-1;j++)
15         {
16             //如果是整除，则不是素数，跳出循环
17             if(i%j==0)
18             {
19                 break;
20             }
21         }
22         //如果是素数，求二次方根累加和
23         if(i==j)
24         {
25             sum=sum+sqrt((double )i);
26         }
27     }
28     return sum;
29 }
```

**图 5-6　实验案例 5-3 功能函数参考代码**

```
30 int main()
31 {
32     int  n;
33     double  sum;
34     printf("\n\nInput n:  ");
35     scanf("%d",&n);
36     sum=fun(n);
37     printf("\n\nsum=%lf\n\n",sum);
38     return 0;
39 }
```

**图 5-7　实验案例 5-3 主函数参考代码**

（3）运行程序，输入测试数据，查看运行结果是否如图 5-8 所示。

◇ 实验说明：

（1）函数应该有一个形参，数据类型为整型值。

（2）函数体应主要完成判断 3~n 之间哪些数是素数。假设 x 属于 3~n 之间的数，则判断 x 是素数的方法：确定 x 是否仅能被 1 和 x 本身整除，即将 2~x-1 依次与 x 整除，若其中有一个数能将 x 整除，那么 x 就不是素数。

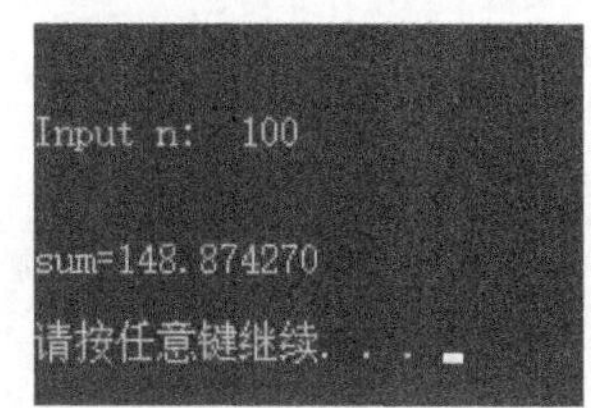


**图 5-8　实验案例 5-3 运行结果**

（3）二次方根可采用 sqrt（double x）函数实现，该函数来自 math. h 头文件。

（4）函数应具有返回值，返回数据类型应为 double。

（5）思考：在该程序基础上，如果将判断一个数是素数编写为函数，则应如何设计该函数？又应如何实现函数调用。

## 5.4.4　实验案例 5-4

请编写一个函数 fun( )，它的功能是：根据以下公式求 π 的值：

$$\frac{\pi}{2}=1+\frac{1}{3}+\frac{1\times2}{3\times5}+\frac{1\times2\times3}{3\times5\times7}+\frac{1\times2\times3\times4}{3\times5\times7\times9}+\cdots+\frac{1\times2\times\cdots\times n}{3\times5\times\cdots\times(2n+1)}$$

要求满足精度 eps=0. 0005，即某项小于 0. 0005 时停止迭代。

◇ 问题分析：

（1）主函数中接收从键盘输入的精度值 eps。

（2）调用函数，求 π 值。

（3）输出函数返回值。

◇ 实验步骤：

（1）采用 VC++ 2010 集成开发环境，正确建立 C 程序源文件。

（2）编写程序，实现程序功能，函数的代码如图 5-9 所示。

```
(全局范围)                                    main()
1  #include<stdio.h>
2  /*
3  函数功能：实现求π值
4  参数：double类型，保留的精度值
5  返回值：π值
6  */
7  double fun(double eps)
8  {
9      int i;
10     double xn=1,s=1;
11     for(i=1;xn>=eps;i++)
12     {
13         xn=xn*i*1.0/(2*i+1);
14         s=s+xn;
15     }
16     return 2*s;
17 }
18 int main()
19 {
20     double x,result;
21     printf("Input eps:") ;
22     scanf("%lf",&x);
23     result=fun(x);
24     printf("\neps = %lf, PI=%lf\n", x, fun(x));
25     return 0;
26 }
```

图 5-9　实验案例 5-4 程序参考代码

（3）运行程序，输入测试数据，查看运行结果，如图 5-10 所示。

◇ 实验说明：

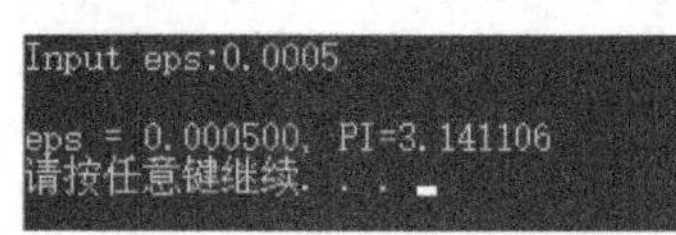


图 5-10　实验案例 5-4 运行结果

（1）函数参数为 double 类型，参数名为 eps。

（2）观察公式，假设公式等号右边的各项之和为 S，则 π=2＊S。因此，求 π 值应通过编写函数实现求 2＊S。假设 $x_n$ 为数列中的某一项，则 $x_n=x_{n-1}*(1.0*i)/(2*i+1)$，$i\in[1,n]$。数列项 $x_1=1$，s=1，$s=s+x_n$。

（3）若 $x_n\leq eps$，则函数返回 2＊S。

### 5.4.5　实验案例 5-5

输入图 5-11 所示的程序，分析运行结果。在编译环境中单步调试，注意程序的执行过程，观察变量 d 的值，理解全局变量和局部变量的区别，理解各种局部变量的作用范围。在图 5-11 中，第 9 行代码的输出 d 值为________；第 19 行代码的输出 d 值为________，第 21 行代码的输出 d 值为________。

◇ 问题分析：

（1）程序段中的 3 个变量 d 属于不同变量。

```
(全局范围)                                              main()
 1 #include <math.h>
 2 #include<stdio.h>
 3 int d=1;
 4 void fun(int p)
 5 {
 6     int d=5;
 7     p++;
 8     d=d+p;
 9     printf("%d  ",d);
10 }
11 int main( )
12 {
13     int a=3;
14     fun(a);
15     {
16         int d=16;
17         a++;
18         d=a;
19         printf("%d  ",d);
20     }
21     printf("%d  ",d);
22     return 0;
23 }
```

**图 5-11 实验案例 5-5 程序代码**

（2）主函数中，fun( ) 函数参数与采用值传递，形参改变不会影响实参。将实参 a=3 传给 fun( ) 函数的形参 p，因此 p=3。p++则 p 为 4，fun( ) 函数内变量 d=5，d=d+p，故 fun( ) 函数内输出 d 为 9。

（3）程序执行到主函数代码块内，d=16，此时，d=a，故 d 值为 4。

（4）根据作用范围不同，第 21 行代码输出的应是全局变量 d，值为 1。

◇ 实验步骤：

（1）采用 VC++ 2010 集成开发环境，正确建立 C 程序源文件。

（2）输入代码段，单步调试，查看各变量 d 值。

（3）运行程序，输出运行结果。

◇ 实验说明：

（1）声明在函数外的变量 d 为全局变量，作用范围为整个程序。

（2）声明在函数内或代码块内的变量 d 为局部变量，作用范围仅为函数内或代码块内。

（3）函数参数传递若采用值传递，则函数内的形参改变不会影响实参。

## 5.5 拓展练习

### 5.5.1 选择题

（1）以下关于函数的叙述中不正确的是________。

A）C 程序是函数的集合，函数包括标准库函数和用户自定义的函数

B）在 C 语言程序中，函数的定义不能嵌套

C）函数必须在 main( ) 函数中定义

D）函数的调用可以嵌套

（2）C 语言中，未设定存储类别的局部变量的隐含存储类别是________。

A）auto　　B）static　　C）extern　　D）register

（3）以下声明函数原型错误的是________。

A）float myadd(float a,b);　　B）float myadd(float b,float a);

C）float myadd(float,float);　　D）float myadd(float a,float b);

（4）下面关于函数中 return 描述正确的是________。

A）每个函数都应该有 return 语句

B）一个函数可以写多个 return 语句

C）通过 return 语句，函数可以返回多个值

D）return 语句不能返回值

（5）在调用函数时，如果实参是简单变量，则它与对应形参之间的数据传递方式是________。

A）地址传递

B）单向值传递

C）由实参传给形参，再由形参传回实参

D）传递方式由用户指定

（6）下面程序输出的值是________。

```
void fun(int a)
{
    a++;
}
int main()
{
    int b=10;
    fun(b);
    printf("%d",b);
    return 0;
}
```

A）0　　B）11　　C）10　　D）12

（7）一个函数的返回值由________确定。

A）return 语句中的表达式　　B）调用函数的类型

C）系统默认的类型　　D）被调用函数的类型

（8）下列函数中，能够从键盘上获得一个字符数据的函数是________。

A）puts( )　　B）putchar( )

C）getchar( )　　D）gets( )

（9）关于函数参数，说法正确的是________。

A）实参与其对应的形参各自占用独立的内存单元

B）实参与其对应的形参同名时才占用同一个内存单元

C）只有实参和形参同名时才占用同一个单元

D）形参数是虚拟的，不占用内存单元

（10）有以下程序：

```
#include<stdio.h>
int f(int n)
{
    if(n==1)
    {
        return 1;
    }
    else
        return f(n-1)+1;
}
int main()
{
    int i,j=0;
    for(i=1;i<3;i++)
    {
        j+=f(i);
    }
    printf("%d\n",j);
    return 0;
}
```

程序运行后的输出结果是________。

A）4　　B）3　　C）2　　D）1

### 5.5.2　阅读程序写结果

（1）读如下程序段：

```
#include<stdio.h>
void swap(int m,int n)
{
    int temp;
    temp=m;
    m=n;
    n=temp;
}
int main()
{
    int a,b;
    scanf("%d,%d",&a,&b);
    swap(a,b);
    printf("a=%d,b=%d",a,b);
    return 0;
}
```

输入为3，5，然后按 Enter 键，则执行程序后，输出为 a=________，b=________。

（2）读如下程序，程序输出结果是________。

```
#include<stdio.h>
int func(int);
int main()
{
    int sum=2;
    int f=0;
    f=func(sum);
    printf("%d",f);
    return 0;
}
int func(int s)
{
    int i,j;
    for(i=1,j=4;i<=j;j--,i++)
    {
        s=s+i+j;
    }
    return s;
}
```

（3）读如下程序，程序输出结果是________。

```
#include<stdio.h>
int func(int,int);
int main()
{
    int k=4,m=1,p;
    p=func(k,m);
    printf("%d,",p);
    p=func(k,m);
    printf("%d\n",p);
    return 0;
}
int func(int a,int b)
{
    static int m=0,i=2;
    m++;
    i=i+m;
    m=i+a+b;
    return m;
}
```

### 5.5.3 延伸任务

(1) 用函数编写程序，其功能是计算公式 $f(x)=1+x+\frac{x^2}{2!}+\cdots+\frac{x^n}{n!}$，直到 $\left|\frac{x^n}{n!}\right|<10^{-6}$。若 $x=2.5$，编写程序给出输出值。

(2) 将大于形参 m 且紧靠 m 的 k 个素数求和并返回到主函数输出。例如，若输入 17，5，则可以找出 5 个素数，分别是 19、23、29、31、37，和为 139。

### 5.5.4 程序设计

(1) 编写函数 fun()，它的功能是求 Fibonacci 数列中大于 t 的最小的一个数，结果由函数返回。其中，Fibonacci 数列 F(n) 的定义为：$F(0)=0$，$F(1)=1$，$F(n)=F(n-1)+F(n-2)$。

(2) 请编写函数 fun()，它的功能是计算并输出 n（包括 n）以内能被 5 或 9 整除的所有自然数的倒数之和。例如，在主函数中从键盘给 n 输入 20 后，输出为 s=0.583333。注意：要求 n 的值不大于 100。

(3) 编写函数 fun()，其功能是：根据 $P=\frac{m!}{n!\ (m-n)!}$ 求 P 的值，结果由函数值带回。m 与 n 为两个正整数且要求 m>n。例如，m=12，n=8 时，运行结果为 495.000000。

## 5.6 拓展练习参考答案

扫码查看答案

# 第6章

# 数　组

## 6.1　学习目标

◇ 掌握一维数组的定义、初始化、引用；
◇ 掌握一维数组的输入与输出；
◇ 掌握二维数组的定义及访问方法；
◇ 掌握二维数组的输入与输出；
◇ 掌握采用数组解决一些常见数学问题的基本算法；
◇ 掌握字符数组与字符串的区分；
◇ 掌握字符数组的输入与输出；
◇ 掌握字符串处理函数的使用方法；
◇ 掌握一维数组作为函数的实参与形参的使用方式，以及值传递和地址传递的不同。

## 6.2　知识重点

◇ 一维数组和二维数组的定义及初始化、引用；
◇ 查找算法、排序算法、穷举算法等，以及算法的评价；
◇ 数组作为函数的参数；
◇ 字符数组的输入与输出；
◇ 字符串处理函数的使用。

## 6.3　知识难点

◇ 一维数组、二维数组定义和引用的区别；
◇ 冒泡排序法、折半查找法；
◇ 数组作为函数参数的值传递和地址传递；
◇ 字符数组与字符串数组的区别；
◇ 字符串处理函数的使用。

## 6.4 案例及解析

扫码看视频讲解

### 6.4.1 实验案例 6-1

编写程序：统计出若干个学生的平均成绩、最高分以及得最高分的人数（最高分可能不止一个），例如：

输入：10 名学生的成绩，分别为 92，87，68，56，92，84，67，75，92，66。

输出：平均成绩为 77.9，最高分为 92，得最高分的人数为 3 人。

◇ 问题分析：

（1）数组的定义：定义字符串的长度“#define N 10”，定义一个能够存放 N 个整型数据的数组“int score[N]”。

（2）数据的输入：循环输入 N 个学生的成绩。

（3）数据处理：

1）令 MaxScore=score[0]，MaxScoreCount=0，SumScore=score[0]。

2）遍历剩余 N-1 个学生的成绩。

- 每个学生的成绩累计加到 SumScore 中。
- 每个学生的成绩与 MaxScore 比较，如果当前成绩更高，则更新 MaxScore。

3）遍历 N 个学生的成绩，如果当前学生的成绩等于 MaxScore，则 MaxScoreCount++。

（4）结果输出：输出平均成绩 SumScore/N、MaxScore、MaxScoreCount。

（5）运用本章知识点：一维数组、累加求和、最值算法。

◇ 实验步骤：

（1）打开 VC++ 2010 集成开发环境，正确创建一个 C 源文件。

（2）在代码编辑窗口输入代码，参考代码如图 6-1 所示。

```
全局范围)                                   main()
1  #include <stdio.h>
2  #define N 10
3  int main()
4  {
5      int score[N],MaxScore=0,MaxScoreCount=0,SumScore=0,i;
6      printf("input\n");
7      for(i=0;i<N;i++)     //输入N个学生的成绩
8      {
9          scanf("%d",&score[i]);
10         SumScore += score[i];     //每输入一个学生成绩，做一次累加
11         if(MaxScore < score[i])   //每输入一个学生成绩，与MaxScore比较
12             MaxScore = score[i];
13     }
14     for(i=0;i<N;i++)      //重新遍历成绩，查找MaxScore的个数
15     {
16         if( MaxScore == score[i])
17             MaxScoreCount++;
18     }
19     printf("output\n");
20     printf("平均成绩:%.1f,最高分:%d,得最高分的人数:%d\n",(float)SumScore/N, MaxScore, MaxScoreCount);
21     return 0;
22 }
```

图 6-1 实验案例 6-1 参考代码

（3）执行程序，程序运行结果如图 6-2 所示。

◇ 实验说明：

（1）根据语法要求，将定义数组时的长度设置为整型常量，用#define N 10 可以适应数

```
input
92 87 68 56 92 84 67 75 92 66
output
平均成绩:77.9,最高分:92,得最高分的人数:3
请按任意键继续. . .
```

图 6-2 实验案例 6-1 运行结果

组长度的变化。

（2）一维数组的操作，主要是分析元素下标的规律。

（3）本题主要用下标 i 的变化来遍历数组中的每个元素。

（4）思考：如何找数组中的最小值？如果要统计高于平均分的人数，则应如何修改程序？

## 6.4.2 实验案例 6-2

编写函数：用排序法对数组中的数据进行从小到大的排序。例如：

输入：10 个整数，92 87 68 56 92 84 67 75 92 66。

输出：56 66 67 68 75 84 87 92 92 92。

◇ 问题分析：

（1）数组的定义：定义数组的长度“#define N 10”，定义一个能够存放 N 个整型数据的数组“int score [N];”。

（2）数据的输入：循环输入 N 个整数。

（3）数据处理：交换法排序。

```
for (i=0;i<N-1;i++)
{
    for (j=i+1;j<N;j++)
    {
        if (a[j] > a[i])
            " a[j]和 a[i]交换"
    }
}
```

（4）结果输出：在屏幕输出排序后的 N 个数据。

（5）运用本章知识点：一维数组、排序算法。

◇ 实验步骤：

（1）打开 VC++ 2010 集成开发环境，正确创建一个 C 源文件。

（2）在代码编辑窗口输入代码，参考代码如图 6-3 所示。

（3）执行程序。要在 VC++ 2010 中编译、连接、运行程序，可直接使用快捷键 Ctrl+F5，根据题意输入 N 个整数后，程序运行结果如图 6-4 所示。

◇ 实验说明：

（1）根据语法要求，将定义数组时的长度设置为整型常量，用#define N 10 可以适应数组长度的变化。

（2）一维数组元素的排序，重在分析下标变化。

（3）思考：如果要进行降序排列输出，那么如何修改程序？

（4）延伸：请尝试用冒泡排序法、选择排序法实现本程序；了解堆排序、快排序的思想。

```
(全局范围)
#include <stdio.h>
#define N 10
int main()
{
    int a[N],i,j,temp;
    printf("input\n");
    for(i=0;i<N;i++)      //输入N个整数
        scanf("%d",&a[i]);
    for(i=0;i<N-1;i++)    //比较交换排序法
        for(j=i+1;j<N;j++)
        {
            if(a[i]>a[j])
            {
                temp = a[i];
                a[i] = a[j];
                a[j] = temp;
            }
        }
    printf("output\n");
    for(i=0;i<N;i++)      //输出升序排列后的N个整数
        printf("%d ",a[i]);
    printf("\n");
    return 0;
}
```

图 6-3　实验案例 6-2 参考代码

图 6-4　实验案例 6-2 运行结果

### 6.4.3　实验案例 6-3

编写程序：请编写一个函数 void fun(int tt[M][N],int pp[N])，tt 指向一个 M 行 N 列的二维数组，求出二维数组每列中的最小元素，并依次放入 pp 所指的一维数组中，如图 6-5 所示。

二维数组中的数已在主函数中赋予。

◇ 问题分析：

（1）数据输入：M 行 N 列的二维数组。

（2）数据分析处理：定义 void fun(int tt[M][N],int pp[N])，其程序分析如图 6-6 所示。

$$\begin{bmatrix} 8 & 9 & 20 & 6 \\ 15 & 4 & 8 & 9 \\ 6 & 10 & 3 & 8 \end{bmatrix} \longrightarrow [6\quad 4\quad 3\quad 6]$$

图 6-5　实验案例 6-3 程序功能说明示意图

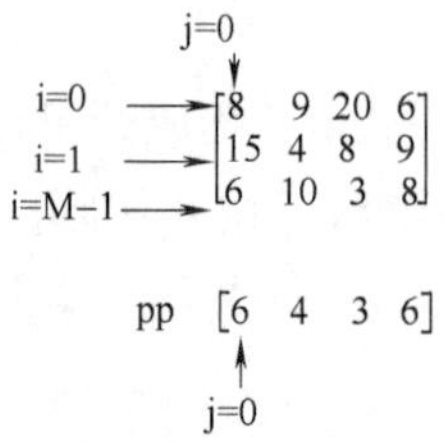

j=0
i=0 →
i=1 →
i=M-1 →

$$\begin{bmatrix} 8 & 9 & 20 & 6 \\ 15 & 4 & 8 & 9 \\ 6 & 10 & 3 & 8 \end{bmatrix}$$

pp [6　4　3　6]
j=0

图 6-6　实验案例 6-3 程序分析

1）当 j=0 时，求第 0 列的最小值，且最小值放到 pp[j] 中。

2）令“pp[j]=tt[0][j];”。

3）for(i=i～M-1)

```
if(tt[i][j]<pp[j])
        pp[j]=tt[i][j];
```

4）第 0 列找完后，j++，如果 j<N，则执行第 1）步，否则结束循环。

（3）结果输出：输出 pp 数组中的 N 个值。

（4）运用本章知识点：二维数组、最值算法。

◇ 实验步骤：

（1）打开 VC++ 2010 集成开发环境，正确创建一个 C 源文件。

（2）在代码编辑窗口输入代码，参考代码如图 6-7 和图 6-8 所示。

```
(全局范围)                                    main()
1  #include <stdio.h>
2  #define M 3
3  #define N 4
4  void fun( int tt[M][N], int pp[N])
5  {
6      int i,j;
7      for(j=0;j<N;j++)    //找第j列的最小值
8      {
9          pp[j] = tt[0][j];   //第j列的第0行元素为当前最小值
10         for(i=0; i<M;i++)   //遍历第j列的1~M-1行元素，如果比pp[j]的当前值小，则替换
11         {
12             if(pp[j] > tt[i][j])
13             {
14                 pp[j] = tt[i][j];
15             }
16         }
17     }
18 }
```

图 6-7 实验案例 6-3 功能函数参考代码

```
19 int main()
20 {
21     int tt[M][N],i,j,pp[N];
22     printf("input\n");
23     for(i=0;i<M;i++)     //输入M行N列个整数
24     {
25         for(j=0;j<N;j++)
26         {
27             scanf("%d",&tt[i][j]);
28         }
29     }
30     fun(tt,pp);     //调用fun()函数，实参为两个数组的首地址
31     printf("output\n");
32     for(j=0;j<N;j++) //输出pp数组中的值
33     {
34         printf("%-3d",pp[j]);
35     }
36     printf("\n");
37     return 0;
38 }
```

图 6-8 实验案例 6-3 主函数参考代码

（3）执行程序。要在 VC++ 2010 中编译、连接、运行程序，可直接使用快捷键 Ctrl+F5，输入 M 行 N 列的二维数组，程序运行结果如图 6-9 所示。

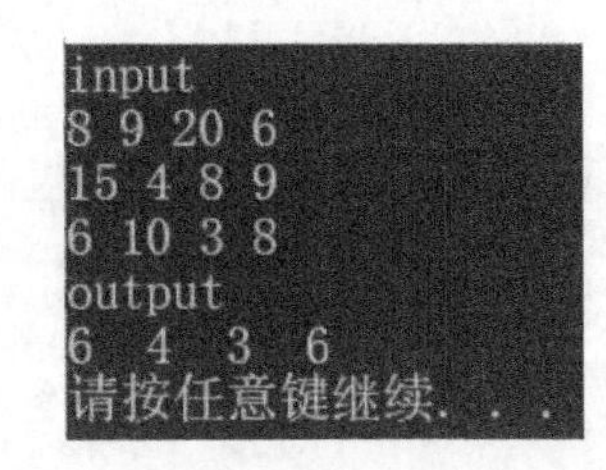


图 6-9 实验案例 6-3 运行结果

◇ 实验说明：

（1）根据语法要求，将定义数组时的长度设置为整型常量，用#define M 3 和#define N 4 语句，可以适应数组长度的变化。

（2）函数的首部为 void fun(int tt[M][N],int pp[N])，形参 tt 和 pp 是两个指针，用于分别接收主函数传递过来的二维数组和一维数组的首地址。

（3）在主函数中输入二维数组 tt 的值，调用 fun() 函数，并输出计算后的结果。

（4）思考：如果要求二维数组每行元素的最大值放到数组 pp 中，那么如何修改程序？

（5）延伸：求一个 M 行 N 列的二维数组周边元素的和。

### 6.4.4 实验案例 6-4

编写程序：请编写一个函数 fun(char s[])，函数的功能是把 s 所指字符串中的内容逆置。例如，原有的字符串为 abcdefg，则调用该函数后，串中的内容为 gfedcba。

◇ 问题分析：

（1）数据输入：一个字符串。

（2）数据分析处理：定义 void fun(char s[N])，其程序分析如图 6-10 所示。

1）遍历 s 中的字符串：让 i 从 len-1 开始取值，每循环一次，i 递减，直到 i 为 0。

2）j 的初值为 0，每次将 s 中下标 i 对应的元素放入数组 t 的 j 位置后，j 自增一次。

3）当所有字符都放置到数组 t 后，j = 7，此时 t[j] 中放字符串结束标记\ 0。



图 6-10 实验案例 6-4 程序分析

4）最后将 t 中转置后的字符串赋值给 s。

（3）main() 函数中调用 fun() 函数，并输出 s 中逆置后的串。

（4）运用本章知识点：字符串。

◇ 实验步骤：

（1）打开 VC++ 2010 集成开发环境，正确创建一个 C 源文件。

（2）在代码编辑窗口输入代码，参考代码如图 6-11 所示。

```
(全局范围)                                    main()
1  #include <stdio.h>
2  #include <string.h>    //使用strlen()函数
3  #define N 50
4  void fun( char s[N])
5  {
6      int len = strlen(s),i; //获得字符串的实际长度
7      char t[N],j=0;
8      for(i=len-1;i>=0;i--) //从字符串的最后一个字符开始遍历
9      {
10         t[j++] = s[i];     //从下标j=0开始，逐一放s中的内容，使用后j自增
11     }
12     t[j]=0;              //在串末加\0字符串结束标记
13     strcpy(s,t);         //置换后的串置换原串
14 }
15 int main()
16 {
17     char str[N];
18     printf("input\n");
19     gets(str);     //输入字符串
20     fun(str);      //调用fun()函数，实现字符串内容逆置
21     printf("output\n");
22     puts(str);     //输出逆置后的字符串
23     return 0;
24 }
```

图 6-11 实验案例 6-4 参考代码

（3）执行程序。要在 VC++ 2010 中编译、连接、运行程序，可直接使用快捷键 Ctrl+F5，输入原串，程序运行结果如图 6-12 所示。

◇ 实验说明：

（1）定义字符数组时，先定义一个足够长的长度为 N 的字符数组，并注意在运行程序且输入字符串时，字符串的实际最大长度要小于 N。

（2）函数的首部为 void fun(char s[N])，形参 s 用于接收主函数传递过来的字符串首地址。

（3）在主函数中输入字符串的值，调用 fun( ) 函数，并输出计算后的结果。

```
input
abedefg
output
gfedeba
请按任意键继续. . .
```

**图 6-12 实验案例 6-4 运行结果**

（4）思考：如何将字符串中的首尾对应位置的内容互换。

### 6.4.5 实验案例 6-5

编写程序：编写函数，要求计算并输出不超过 n 的最大的 k 个素数以及它们的和。

输入格式：输入时在一行中给出 n（10≤n≤10000）和 k（1≤k≤10）的值。

输出格式：在一行中按“素数 1+素数 2+…+素数 k=总和值”的格式输出。其中，素数按递减顺序输出。若 n 以内不够 k 个素数，则按实际个数输出。

输入样例 1：1000 10。

输出样例 1：997+991+983+977+971+967+953+947+941+937=9664。

输入样例 2：12 6。

输出样例 2：11+7+5+3+2=28。

◇ 问题分析：

（1）数据输入：n 和 k。

（2）数据分析处理。

1）定义：

```
int isprime(int m);      //判断一个数 m 是否为素数,是返回 1,不是返回 0
int isprime(int m)       //判断一个数 m 是否为素数
{
    int i;
    for(i=2;i<m;i++)     //判断 2~m-1 的每个数 i 能否整除 m
    {
        if(0==m%i)       //有一个 i 整除 m,则终止循环
            break;
        }
        if(i<m)          //如果 i<m,则说明有一个 i 整除 m
            return 0;    //不是素数,返回 0
    else
        return 1;        //是素数,返回 1
}
```

根据以上参考代码分析如下：

◆ 如果 m=7，让 i 从 2~6 取值，显然，没有一个 i 把 m 整除，if（0==m%i）一次也不成立，直到 i 自增为 7，i<m 不成立，结束循环（即此时 i==m）。

◆ 如果 m=9，让 i 从 2~8 取值，当 i 取值到 3 时，可以把 m 整除，if（0==m%i）成立，使用 break 语句结束 for 循环，这里是强制结束循环的，此时 i<m。

2）从 n 开始，找不到超过 n 的 k 个素数，因此程序中可以定义一个变量 m，并从 n 开始取值，每次递减，其下界为 2。

```
int fun(int a[N],int n,int k)
{
    int i,m,count=0;
    for(m=n;m>=2;m--)          //m 从 n 开始取值,递减到 2
    {
        if(1==isprime(m))  //若 m 是素数,则存放到数组 a 中
            a[count++]=m;   //m 存放到 count 下标对应的位置,然后 count 下标
                              自增 1
        if(count==k)        //如果已经找到 k 个素数,则循环提前终止
            break;
    }
    return count;
}
```

根据以上参考代码分析如下：

◆ 如果 n=1000，k=10，则 m 从 1000 开始，调用 isprime( ) 函数，判断 1000 不是素数且此时 count=0，循环继续；m 取 999，调用 isprime( ) 函数，判断 999 不是素数且此时 count=0，循环继续；当 m 取 997 时，调用 isprime( ) 函数，判断 997 是素数，放入数组 a[0] 中，且 count 自增为 1，循环继续；……；当 m 取 937 时，判断 937 是素数，放入数组 a[9] 中，且 count 自增为 10，已经找到 10 个素数，循环结束。

◆ 如果 n=12，k=6，则 m 从 12 开始，调用 isprime( ) 函数，判断 12 不是素数且此时 count=0，循环继续；m 取 11，调用 isprime( ) 函数，判断 11 是素数，放入数组 a[0] 中，且 count 自增为 1，循环继续；……；当 m 取 2 时，判断 2 是素数，放入数组 a[4] 中，且 count 自增为 5；m 为 1 时，虽然没有找到 6 个素数，但是 m>=2 的条件不成立，循环结束。

3）按照“素数 1+素数 2+…+素数 k=总和值”的格式输出数组 a 中的素数及总和，虽然程序要求找 k 个素数，但素数的实际个数是 count。

分析输出规律，数组中下标为 0~count-2 的元素，输出格式为“素数 i+”。下标为 count-1 的元素，输出格式为“素数 i=总和\n”。

（3）运用本章知识点：循环、一维数组、素数判断。

◇ 实验步骤：

（1）打开 VC++ 2010 集成开发环境，正确创建一个 C 源文件。

（2）在代码编辑窗口输入代码，参考代码如图 6-13~图 6-15 所示。

（3）执行程序。要在 VC++ 2010 中编译、连接、运行程序，可直接使用快捷键 Ctrl+F5，程序运行结果如图 6-16 所示。

◇ 实验说明：

（1）定义一个素数判断函数，程序更为清晰。

（2）处理 count 和 k 的关系，这是关键点。

（3）延伸：求大于 n 的 k 个素数，如何修改程序？

```
(全局范围)                                   isprime(int m)
1  #include <stdio.h>
2  #define N 10
3  int isprime(int m)  //判断一个数m是否为素数
4  {
5      int i;
6      for(i=2;i<m;i++) //判断2～m-1的每个数i能否整除m
7      {
8          if(0==m%i)   //有一个i整除m，则终止循环
9              break;
10     }
11     if(i<m)          //如果i<m，说明有一个i整除m
12         return 0;    //不是素数，返回0
13     else
14         return 1;  //是素数，返回1
15 }
```

**图 6-13 实验案例 6-5 isprime( ) 函数参考代码**

```
16 int fun(int a[N],int n,int k)
17 {
18     int i,m,count=0;
19     for(m=n;m>=2;m--)    //m从n开始取值，递减到2
20     {
21         if( 1 == isprime(m))  //如果m是素数，则存放到数组a中
22             a[count++] = m;
23         if(count==k)        //如果已经找到k个素数，则循环提前终止
24             break;
25     }
26     return count;
27 }
```

**图 6-14 实验案例 6-5 fun( ) 函数参考代码**

```
28 int main()
29 {
30     int n,k,a[N],count,i,sum=0;    //存放最多N个数组;
31     printf("\nInput n and k:  ");
32     scanf("%d %d",&n,&k);   //输入n和k的值
33     count = fun(a,n,k);   //调用fun()函数，返回素数的个数count
34     for(i=0;i<count-1;i++)   //输出count-1个素数，并累计求和
35     {
36         sum = sum + a[i];
37         printf("%d+",a[i]);
38     }
39     //输出第count个素数及所有素数的和
40     printf("%d=%d\n",a[count-1],sum+a[count-1]);
41     return 0;
42 }
```

**图 6-15 实验案例 6-5 主函数参考代码**

```
Input n and k:  1000 10
997+991+983+977+971+967+953+947+941+937=9664
请按任意键继续. . .
```

**图 6-16 实验案例 6-5 运行结果**

## 6.5 拓展练习

### 6.5.1 选择题

(1) 以下程序运行后的输出结果是________。

```
int  main()
{
    int n[3],i,j,k;
    for(i=0;i<3;i++)
        n[i]=0;
    k=2;
    for(i=0;i<k;i++)
        for (j=0;j<k;j++)
            n[j]=n[i]+1;
    printf("%d\n",n[1]);
}
```

A) 2　　B) 1　　C) 0　　D) 3

(2) 以下程序的输出结果是________。

```
void main()
{
    int i,a[10];
    for(i=9;i>=0;i--)
        a[i]=10-i;
    printf("%d%d%d",a[2],a[5],a[8]);
}
```

A) 258　　B) 741　　C) 852　　D) 369

(3) 以下程序运行后的输出结果是________。

```
void main()
{
    int aa[4][4]={{1,2,3,4},{5,6,7,8},{3,9,10,2},{4,2,9,6}};
    int i,s=0;
    for(i=0;i<4;i++)
        s+=aa[i][1];
    printf("%d\n",s);
}
```

A) 11　　B) 19　　C) 13　　D) 20

(4) 下面程序的输出是________。

```
int fun(int h)
{
    static int a[3]={1,2,3};
    int k;
    for(k=0;k<3;k++)
        a[k]+=a[k]-h;
```

```
    for(k=0;k<3;k++)
        printf("%d",a[k]);
    return(a[h]);
}
void main()
{
    int t=1;
    fun(fun(t));
}
```

A）123159　　B）135135

C）1，3，5，0，4，8　　D）135-137

（5）下列程序执行后的输出结果是________。

```
includ<stdio.h>
void func1(int  i);
void func2(int  i);
char st[]="hello,friend!";
void func1(int  i)
{
    printf("%c",st[i]);
    if(i<3)
    {
        i+=2;
        func2(i);
    }
}
void func2(int  i)
{
    printf("%c",st[i]);
    if(i<3)
    {
        i+=2;
        func1(i);
    }
}
void main()
{
    int i=0;
    func1(i);
    printf("\n");
}
```

A）hello　　B）hel　　C）hlo　　D）hlm

（6）阅读以下函数：

```
int fun(char s[],char t[])
{
    int i=-1;
    while(++i,s[i]==t[i]&&s[i]!='\0');
    return(s[i]=='\0'&&t[i]=='\0');
}
```

以上函数的功能是________。

A）比较串 s 和 t 的长度　　B）比较串 s 和 t 的大小

C）比较串 s 和 t 是否相等　　D）将串 t 赋给串 s

（7）请读程序：

```
#include<stdio.h>
int f(int b[],int n)
{
    int i,r;
    r=1;
    for(i=0;i<=n;i++)
        r=r*b[i];
```

```
    return r;
}
main()
{
    int x,a[]={ 2,3,4,5,6,7,8,9};
    x=f(a,3);
    printf("%d\n",x);
}
```

上面程序的输出结果是________。

A）720　　B）120　　C）24　　D）6

（8）以下程序运行后，输出结果是________。

```
main()
{
    int  a[10],a1[ ]={1,3,6,9,10},a2[ ]={2,4,7,8,15},i=0,j=0,k;
    for(k=0;k<4;k++)
        if(a1[i]<a2[j])
            a[k]=a1[i++];
        else
            a[k]=a2[j++];
    for(k=0;k<4;k++)
        printf("%d",a[k]);
}
```

A）1234　　B）1324　　C）2413　　D）4321

（9）以下程序的输出结果是________。

```
f(int b[ ],int m,int n)
{
    int  i,s=0;
    for(i=m;i<n;i=i+2)
        s=s+b[i];
    return  s;
}
main()
{
    int  x,a[ ]={1,2,3,4,5,6,7,8,9};
    x=f(a,3,7);
    printf("%d\n",x);
}
```

A）10　　B）18　　C）8　　D）15

（10）以下程序运行后，输出结果是________。

```
main()
{
    int a[4][4]={{1,3,5},{2,4,6},{3,5,7}};
    printf("%d%d%d%d\n",a[0][3],a[1][2],a[2][1],a[3][0]);
}
```

A）0650　　B）1470　　C）5430　　D）输出值不定

### 6.5.2 程序填空

（1）下面程序的功能是求一维数组中下标为偶数的元素之和并输出。请在程序中的横线上填入正确的内容。

```
#include<stdio.h>
void main()
{
    int  i,sum=0,a[ ]={2,3,4,5,6,7,8,9};
        for(i=0;i<8;_______)
            sum+=a[i];
    printf("sum=%d\n",sum);
}
```

（2）下面程序的功能是输出一维数组 a 中的最小值及其下标。请在程序中的横线上填入正确的内容。

```
#include<stdio.h>
void main()
{
    int i,j=0,a[10];       /* 定义 a 为数组名,j 为下标名 */
    for(i=0;i<10;i++)
        scanf("%d",&a[i]);
    for(i=1;i<10;i++)
    {
        if (a[i]<a[j])
        {
        ________
        }
    }
    printf("%d,%d",a[j],j);/* 输出一维数组 a 中的最小值及其下标 */
}
```

（3）下列程序的主要功能是输入 10 个整数并存入数组 a，再输入一个整数 x，在数组 a 中查找 x，找到则输出 x 在 10 个整数中的序号（从 1 开始），找不到则输出 0。

```
#include<stdio.h>
main()
{
    int i,a[10],x,flag=0;
    for(i=0;i<10;i++)
        scanf("%d",&a[i]);
    scanf("%d",&x);
    for(i=0;i<10;i++)
        if (_______)
        {
            flag=i+1;
            break;
        }
        printf("%d\n",flag);
}
```

### 6.5.3 延伸任务

（1）设有 N 个整数，要求对任意给定的 K（K<N）运用冒泡排序法，输出扫描完第 K 遍后的中间结果数列。

（2）编写程序：请编写一个函数 void fun(int tt[M][N],int pp[N])，tt 指向一个 M 行 N 列的二维数组，求出二维数组每行中的最大元素，并依次放入 pp 所指的一维数组中。二维数组中的数已在主函数中赋予，如图 6-17 所示。

$$\begin{bmatrix} 8 & 9 & 20 & 6 \\ 15 & 4 & 8 & 9 \\ 6 & 10 & 3 & 8 \end{bmatrix} \longrightarrow [\,20 \quad 15 \quad 10\,]$$

**图 6-17　二维数组每行元素最大值示意图**

### 6.5.4 程序设计

（1）请编写函数 fun()，给各位参赛选手打分：在一组得分中去掉一个最高分和一个最低分，然后求平均值，并通过函数返回。函数形参 a 指向存放得分的数组，形参 n 中存放得分个数（n>2）。例如，若输入 9.9、8.5、7.6、8.5、9.3、9.5、8.9、7.8、8.6、8.4 这 10 个得分，则输出结果为 8.687500。

（2）调用 fun() 函数，删除字符串中不满足条件的字符，构成新串。函数 fun() 的功能是在 s 所指字符串中删除除了下标为偶数同时 ASCII 值也为偶数的字符，串中剩余字符所形成的一个新串放在 t 所指的数组中。

例如，若 s 所指字符串中的内容为“ABCDEFG123456”，其中，字符 A 的 ASCII 码值为奇数，因此应当删除；字符 B 的 ASCII 码值为偶数，但在数组中的下标为奇数，因此也应当删除；而字符 2 的 ASCII 码值为偶数，所在数组中的下标也为偶数，因此不应当删除，其他以此类推。最后 t 所指的数组中的内容应是“246”。

（3）判断上三角矩阵。上三角矩阵指主对角线以下的元素都为 0 的矩阵；主对角线是从矩阵的左上角至右下角的连线。本题要求编写程序，从键盘输入一个 M 行 N 列的矩阵，判断是否为上三角矩阵，给出 yes 或 no 的结果。

（4）编写程序，将给定字符串去掉重复的字符后，按照字符 ASCII 码的顺序从小到大排序后输出。

输入格式：输入是一个以回车结束的非空字符串（少于 80 个字符）。

输出格式：输出去重排序后的结果字符串。

（5）找最长的字符串：针对输入的 N 个字符串，输出其中最长的字符串。

输入格式：输入第一行，给出正整数 N；随后 N 行，每行给出一个长度小于 80 的非空字符串，其中不会出现换行符、空格、制表符。

输出格式：在一行中用“The longest is：最长的字符串”格式输出最长的字符串。

说明：如果字符串的长度相同，则输出先输入的字符串。

## 6.6 拓展练习参考答案

扫码查看答案

# 第 7 章

# 指针、字符串

## 7.1 学习目标

◇ 了解指针的概念，理解指针的本质及特征；
◇ 掌握指针变量的声明、表示、引用及赋值方法；
◇ 熟练掌握 C 的基本数据类型，掌握变量的定义和初始化；
◇ 能正确使用数组的指针和指向数组的指针变量；
◇ 能正确使用指向字符串的指针和指向字符串的指针变量；
◇ 掌握函数中指针变量的使用方法；
◇ 掌握指针变量的常用运算规则和实际应用。

## 7.2 知识重点

◇ 指针变量的定义、不同类型指针变量的定义方法和含义；
◇ 指针的赋值与引用、* 运算与 & 运算；
◇ 指针与数组，指针操作数组元素的方法；
◇ 指针与字符串，指针操作字符串的方法；
◇ 指针作为函数参数的使用方法、传值与传址。

## 7.3 知识难点

◇ 指针的赋值与引用、* 运算与 & 运算；
◇ 指针与数组，指针操作数组元素的方法；
◇ 指针与字符串，指针操作字符串的方法；
◇ 指针作为函数参数的使用方法、传值与传址。

## 7.4 案例及解析

### 7.4.1 实验案例 7-1

掌握并理解用指针处理字符数组元素。读程序并写出程序的运行结果，通过编译器对结果进行验证，代码如图 7-1 所示。思考：如果将指针初始化改为 p=a+3，则程序输出结果为多少？

```
(全局范围)
1  #include<stdio.h>
2  int main()
3  {
4      char a[] = "abcdefgh", *p;
5      p = a;                              //指针p指向数组a的首地址
6      *(p + 2) += 3;
7      printf("%c,%c\n", *p, *(p + 2));    //输出指针p所指字符及p+2所指字符
8      return 0;
9  }
```

**图 7-1　实验案例 7-1 参考代码**

◇ 问题分析：

（1）当操作对象为字符串时，字符串以字符数组的形式存储。

（2）可利用指针访问字符数组 a 的地址空间，指针 p 访问数组 a 的所有字符。通过字符指针加偏移量的形式实现对数组元素的访问。

（3）运用本章知识点：指针变量的定义、不同类型指针变量的定义方法和含义；指针的赋值与引用、* 运算与 & 运算。

◇ 实验步骤：

（1）打开 VC++ 2010 集成开发环境，正确创建一个 C 源文件。

（2）在代码编辑窗口输入代码。

（3）执行程序。要在 VC++ 2010 中编译、连接、运行程序，可直接使用快捷键 Ctrl+F5。查看运行结果与你读程序的结果是否一致，运行结果如图 7-2 所示。

◇ 实验说明：

（1）指针指向数组名意味着指针指向数组的第一个元素。

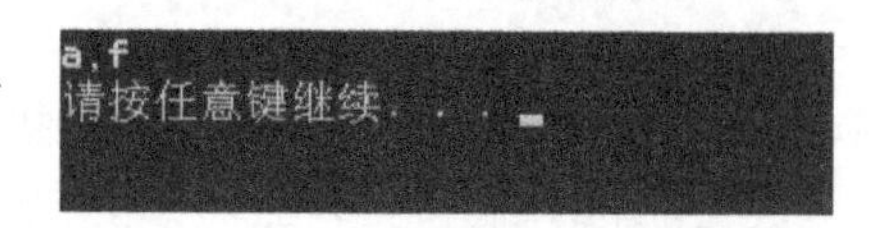


**图 7-2　实验案例 7-1 运行结果**

（2）区分指针的移动与指针偏移的差别，*（p+2）取得的是数组首地址向后偏移的第二个元素，指针 p 的指向不曾改变。

（3）p=a+3 语句使得指针 p 的指向从数组首地址的位置移动到数组首地址向后偏移量为 3 的位置，指向 a[3]。

## 7.4.2　实验案例 7-2

掌握字符指针的使用，读程序并写出程序的运行结果，通过编译器对结果进行验证，代码如图 7-3 所示。思考：为什么 a 不能输出？为什么 f 以后的字符不能输出？

◇ 问题分析：

（1）while 循环的控制条件为 * p++!='e'。* p++运算实现对当前指针指向内容取值，然后将指针向后移动一个字节。当取值不等于“e”时，循环执行。

（2）printf 语句输出 * p，第一次循环执行输出时，已经执行过一次自增运算。

（3）运用本章知识点：指针变量的定义、不同类型指针变量的定义方法和含义；指针的赋值与引用、* 运算与 & 运算。

```c
(全局范围)
1   #include<stdio.h>
2   #define N 100
3   int main()
4   {
5       char a[N] = "abcdefghijklmnopq";
6       char *p = a;
7       while (*p++ != 'e')            //判定指针p是否指向字符e
8       {
9           printf("%c", *p);        //输出指针p所指字符
10      }
11      printf("\n");
12      return 0;
13  }
```

图 7-3 实验案例 7-2 参考代码

◇ 实验步骤：

(1) 打开 VC++ 2010 集成开发环境，正确创建一个 C 源文件。

(2) 在代码编辑窗口输入代码。

(3) 执行程序。要在 VC++ 2010 中编译、连接、运行程序，可直接使用快捷键 Ctrl+F5。查看运行结果与你读程序的结果是否一致，运行结果如图 7-4 所示。

◇ 实验说明：

(1) 掌握指针操作字符数组的方法。

(2) 思考：( * p++! ='e') 作为判定条件，确认循环执行的过程，以及循环过程中指针指向的变化。

图 7-4 实验案例 7-2 运行结果

### 7.4.3 实验案例 7-3

设数组 score[ ] 保存若干学生的某一课程的成绩，定义一个函数 float aver_score(float * p,int n)，计算该课程的平均成绩（形式参数 n 表示学生个数）。在 main( ) 函数中构造几个学生的成绩，并用数组表示，通过调用 aver_score( ) 函数计算其平均成绩并显示。

扫码看视频讲解

◇ 问题分析：

(1) 该案例通过函数 float aver_score(float * p,int n) 计算课程平均成绩。其中，指针变量 p 作为访问成绩存放数组的方法，通过指针的控制实现对数组元素每个成绩的访问。

(2) main( ) 函数：主要完成成绩存放数组的定义与初始化，通过循环结构实现用户对成绩及人数的输入。

(3) 功能函数：float aver_score(float * p,int n) 函数完成平均分的计算。请特别注意成绩数据输入的格式和人数的输入。

(4) 运用本章知识点：指针与数组，指针操作数组元素的方法；指针作为函数参数的使用方法、传值与传址。

◇ 实验步骤：

(1) 打开 VC++ 2010 集成开发环境，正确创建一个 C 源文件。

(2) 在代码编辑窗口输入代码，完成 aver_score( ) 函数的编写，如图 7-5 所示。

(3) 执行程序。要在 VC++ 2010 中编译、连接、运行程序，可直接使用快捷键 Ctrl+

```
1   #include<stdio.h>
2   #define N 50
3   float aver_score(float *p, int n)  //计算n名学生的平均分
4   {
5       int i;
6       float sum = 0, ave;
7       for (i = 0; i < n; i++)
8       {
9           sum += p[i];                //读取下标为i的元素，并计算加和
10      }
11      ave = sum / n;
12      return ave;                     //返回平均分
13  }
14  int main()
15  {
16      float score[N], ave;
17      int n, i;
18      puts("Please input the students' number: ");
19      scanf("%d", &n);
20      for (i = 0; i < n; i++)         //循环，输入每位学生成绩
21      {
22          printf("Please input the score of No:%d student: \n", i + 1);
23          scanf("%f", &score[i]);
24      }
25      ave = aver_score(score, n);     //调用平均分计算函数
26      printf("The average score is: %.2f\n", ave);
27      return 0;
28  }
```

**图 7-5　实验案例 7-3 参考代码**

F5，运行结果如图 7-6 所示。

◇ 实验说明：

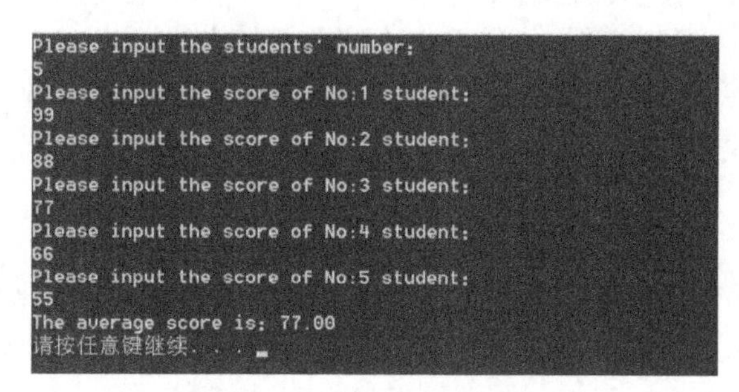


**图 7-6　实验案例 7-3 运行结果**

（1）因为数组名代表数组的首地址，所以在调用函数 aver_score( ) 时，只需传递数组名即可使指针指向数组。

（2）运用指针与数组的关系，当指针作为形式参数，数组名作为实际参数时，函数调用可以将指针变量指向数组的首地址。

（3）指针指向数组首地址时，指针有两种方式可以访问数组中的每一个元素：一是指针名替代数组名，用方括号加下标的形式表示每一个元素；二是通过指针的移动，结合 * 运算得到每个数组元素的值。

## 7.4.4　实验案例 7-4

定义一个函数 void reverse_str( char  * p)，用指针实现字符串的逆序排列。要求调用函数 reverse_str( char  * p) 时，把一个字符串的地址传递给指针 p，由指针 p 对源字符串进行交换，得到逆序排列的字符串。在 main( ) 函数中构造一个字符串，通过调用 reverse_str( ) 函数实现该字符串的逆序排列，并显示源字符串和逆序排列后的字符串。

◇ 问题分析：

（1）头文件包含<string. h>，程序中可以使用字符串处理相关函数。

（2）main( ) 函数：主要完成字符串的输入、函数调用和逆置后字符串的输出。

（3）功能函数：void reverse_str( char  * p) 实现字符串的逆置。其中，指针变量 p 作为访问字符数组元素的方法，通过指针的控制实现对字符串中每个字符的访问。

(4) 运用本章知识点：指针与字符串，指针操作字符串的方法。

◇ 实验步骤：

(1) 打开 VC++ 2010 集成开发环境，正确创建一个 C 源文件。

(2) 在代码编辑窗口输入代码，完成 aver_score( ) 函数的编写，如图 7-7 所示。

```
1  #include<stdio.h>
2  #include<string.h>
3  #define N 50
4  void reverse_str(char *p)     //字符串的逆置
5  {
6      int len, i;
7      char temp;
8      len = strlen(p);          //获得指针p所指的字符串长度
9      for (i = 0; i < len / 2; i++)     //首尾对应位置元素进行交换，交换次数为len/2
10     {
11         temp = p[i];
12         p[i] = p[len - i - 1];
13         p[len - i - 1] = temp;
14     }
15 }
16 int main()
17 {
18     char s[N]="";
19     puts("Please input your string: ");
20     gets(s);
21     reverse_str(s);          //调用字符串逆置函数
22     puts("The data after changing: ");
23     puts(s);
24     return 0;
25 }
```

图 7-7 实验案例 7-4 参考代码

(3) 执行程序。要在 VC++ 2010 中编译、连接、运行程序，可直接使用快捷键 Ctrl+F5。运行结果如图 7-8 所示。

```
Please input your string:
HelloWorld
The data after changing:
dlroWolleH
请按任意键继续. . .
```

图 7-8 实验案例 7-4 运行结果

◇ 实验说明：

(1) 在 C 语言中，字符串被定义为字符型数组，所以在 reverse_str( ) 函数中选择字符型指针处理字符串。

(2) 在字符串中，以“\0”为字符串的结束标记，可以计算字符串的长度。

(3) 以字符串的中点为对称点，实现对称位置字符的互换。

### 7.4.5 实验案例 7-5

编写函数 deletestar (char *s, char *p)，将以指针 s 传递进来的某字符串中的所有 * 删除，将删除后的内容通过指针 p 输出。

例如，若原字符串为 * * * * A * BC * DEF * G * * * * * * * *，那么处理后的字符串应当是 ABCDEFG。

◇ 问题分析：

(1) main( ) 函数：主要完字符串的输入、函数调用和删除 * 后字符串的输出。

（2）功能函数：deletestar（char ＊s，char ＊p）函数实现字符串的处理与输出。

（3）参数说明：指针变量 s 作为访问原始字符数组的方法，通过对指针的移动读取字符串中的每一个字符元素，判定其是否为＊，从而确认该字符是否应该保留；指针变量 p 指向新生成的字符串，将 s 串中通过测试的字符元素写入 p。依次移动 p 指针的位置，直至 s 串中的所有字符元素判定完成。

（4）运用本章知识点：指针与字符串，指针操作字符串的方法；指针作为函数参数的使用方法、传值与传址。

◇ 实验步骤：

（1）打开 VC++ 2010 集成开发环境，正确创建一个 C 源文件。

（2）在代码编辑窗口输入代码，完成 deletestar( ) 函数的编写，如图 7-9 所示。

```
1   #include<stdio.h>
2   #define N 50
3   void deletestar(char *s, char *p)
4   //删除字符串s中的*号，将新字符串放于指针p所指位置
5   {
6       while (*s != '\0')    //通过循环访问s所指的所有字符，直到字符为“\0”
7       {
8           if (*s != '*')    //判断s所指字符是否为*号
9           {
10              *p = *s;      //不为*号时，将*s赋值给*p
11              p++;          //向后移动指针p
12              s++;          //向后移动指针s
13          }
14          else
15          {
16              s++;          //为*号时，指针s向后移动
17          }
18      }
19      *p = '\0';            //字符串p结尾加“\0”
20  }
21  int main()
22  {
23      char s[N] = { "****A**B***C**DEF**" };
24      char p[N];
25      puts("The original data:");
26      puts(s);
27      deletestar(s, p);           //调用函数
28      puts("The data after moving:");
29      puts(p);
30      return 0;
31  }
```

**图 7-9　实验案例 7-5 参考代码**

（3）执行程序。要在 VC++ 2010 中编译、连接、运行程序，可直接使用快捷键 Ctrl+F5，运行结果如图 7-10 所示。

```
The original data:
****A**B***C**DEF**
The data after moving:
ABCDEF
请按任意键继续. . .
```

**图 7-10　实验案例 7-5 运行结果**

◇ 实验说明：

（1）可将函数 deletestar（char ＊s，char ＊p）的形式参数 s 看作读指针，用于标识当前被读取的数据元素所在位置；将形式参数 p 看作写指针，表示新字符串生成过程中写入字符的位置。

（2）判定是否到达 s 字符串的结尾，可以通过＊s 是否为“\0”来确认。

（3）待判定完成后，需要在 p 指针的最后一个元素后写入“\0”，表示字符串的结束。

### 7.4.6 实验案例 7-6

请编写函数 change()，该函数的功能是移动一维数组中的内容。若数组中有 n 个整数，则要求把下标从 0~p（含 p，p≤n-1）的数组元素平移到数组的最后。

例如，一维数组中的原始内容为 1，2，3，4，5，6，7，8，9，10。假定 p 的值为 3，移动后一维数组中的内容应为 5，6，7，8，9，10，1，2，3，4。

◇ 问题分析：

（1）main() 函数：主要完成原始数组元素输出、p 值的初始化、change 功能调用，以及函数调用后新数组结果的输出。

（2）功能函数：void change(int *w,int p,int n) 函数实现数组元素位置改变。

（3）参数说明：指针变量 w 用于指向待改变的一维数组；整型变量 p 用于改变数组时分界元素的下标，下标为 0~p 的数组元素将被后移；整型变量 n 表示数组元素中数据的个数。

（4）运用本章知识点：指针与数组，指针操作字符串的方法；指针作为函数参数的使用方法、传值与传址。

◇ 实验步骤：

（1）打开 VC++ 2010 集成开发环境，正确创建一个 C 源文件。

（2）在代码编辑窗口输入代码，完成 change() 函数的编写，如图 7-11 所示。

```
1  #include <stdio.h>
2  #define  N  80
3  void change(int *w, int p, int n)
4  /*移动一维数组中的内容;若数组中有n个整数, 要求把下标从0~p
5  (含p,p≤n-1)的数组元素平移到数组的最后*/
6  {
7      int i, j = 0, b[N];
8      for (i = p + 1; i < n; i++)     //将p+1及以后的内容复制到b
9      {   b[j++] = w[i];  }
10     for (i = 0; i <= p; i++)     //将0~p的内容复制到b
11     {   b[j++] = w[i];  }
12     for (i = 0; i < n; i++)     //将移动后的字符串b复制回w
13     {   w[i] = b[i];    }
14 }
15 int main()
16 {
17     int  a[N] = { 1,2,3,4,5,6,7,8,9,10,11,12,13,14,15 };
18     int i, p, n = 15;
19     printf("The original data:\n");
20     for (i = 0; i < n; i++)
21     {
22         printf("%3d", a[i]);
23     }
24     printf("\n\nEnter  p:  ");
25     scanf("%d", &p);
26     change(a, p, n);        //调用函数change()
27     printf("\nThe data after moving:\n");
28     for (i = 0; i < n; i++)
29     {
30         printf("%3d", a[i]);
31     }
32     printf("\n\n");
33     return 0;
34 }
```

**图 7-11 实验案例 7-6 参考代码**

（3）执行程序。要在 VC++ 2010 中编译、连接、运行程序，可直接使用快捷键 Ctrl+F5，运行结果如图 7-12 所示。

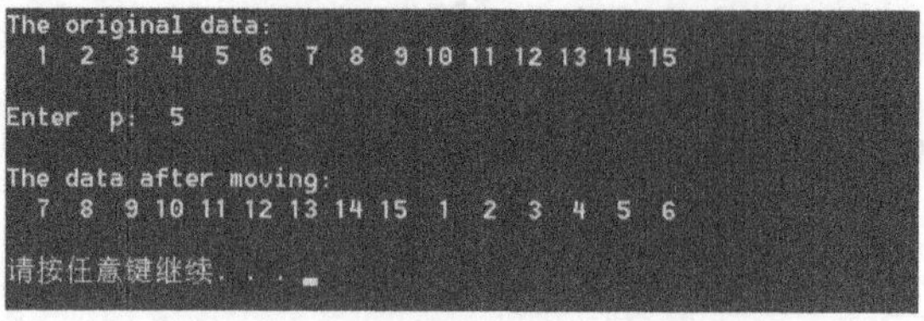

```
The original data:
  1  2  3  4  5  6  7  8  9 10 11 12 13 14 15

Enter  p:  5

The data after moving:
  7  8  9 10 11 12 13 14 15  1  2  3  4  5  6

请按任意键继续. . .
```

**图 7-12　实验案例 7-6 运行结果**

◇ 实验说明：

（1）在 void change（int * w，int p，int n）中记录新生成的数组，可以在 change( ) 函数中定义一个新数组，用于临时存放改变后的数组。

（2）分析函数 void change（int * w，int p，int n）的功能，可以分成 3 个步骤完成数组的改变。

第一步：运用指针变量 w 找到新数组中的第一个元素并将其写入新数组，通过循环控制完成后续元素的依次写入。

第二步：找到原数组开始的位置，将需移动的数据元素依次写入新数组，则改变后的数组元素已全部写入新数组。

第三步：由于改变的结果应放在原数组中保存，所以将新数组中的所有元素依次写入原数组中，则 change( ) 函数功能完成。

（3）新数组作为局部变量，其作用域只存在于 change( ) 函数中。

（4）主函数通过调用 change( ) 函数实现对原数组的改变。

## 7.4.7　实验案例 7-7

请编写函数 int delete_same（int * p，int n），该函数的功能是删去一维数组中所有相同的数，使之只剩一个。数组中的数已按由小到大的顺序排列，函数返回删除后数组中数据的个数。

例如，一维数组中的数据是 2，2，2，3，4，4，5，6，6，6，6，7，7，8，9，9，10，10，10。删除后，数组中的内容应该是 2，3，4，5，6，7，8，9，10。

◇ 问题分析：

（1）main( ) 函数：主要完成原始数组元素输出、delete_same( ) 函数功能调用、函数调用后新数组结果的输出，以及不重复数组元素个数的输出。

（2）功能函数：该案例通过函数 int delete_same（int * p，int n）实现去除数组中的重复元素，并返回不重复元素个数的功能。

（3）参数说明：指针变量 p 用于指向待处理的一维数组，整型变量 n 表示数组元素中数据的个数。

◇ 实验步骤：

（1）打开 VC++ 2010 集成开发环境，正确创建一个 C 源文件。

（2）在代码编辑窗口输入代码，完成 delete_same( ) 函数的编写，如图 7-13 所示。

（3）执行程序。要在 VC++ 2010 中编译、连接、运行程序，可直接使用快捷键 Ctrl+F5，

```c
1   #include <stdio.h>
2   #define    N    80
3   int  delete_same(int  *p,  int  n) //删去一维数组中所有相同的数，使之只剩一个
4   {
5       int i,  j = 1,  k = p[0];        //k用于存放当前元素
6       for (i = 1; i < n; i++)          //依次访问下标从1开始的所有元素
7       {
8           if (k != p[i])               //判定是不是重复元素
9           {
10              p[j++] = p[i];           //遇到不同元素则写入指定位置
11              k = p[i];                //更新k
12          }
13      }
14      p[j] = 0;
15      return j;
16  }
17  int main()
18  {
19      int  a[N] = { 2,2,2,3,4,4,5,6,6,6,6,7,7,8,9,9,10,10,10,10 },  i,  n = 20;
20      printf("The original data :\n");
21      for (i = 0; i < n; i++)
22          printf("%3d",  a[i]);
23      n = delete_same(a,  n);           //调用功能函数delete_same()
24      printf("\n\nThe data after deleted :\n");
25      for (i = 0; i < n; i++)
26          printf("%3d",  a[i]);
27      printf("\n\n");
28      printf("The total number is  %d\n",  n);
29      return 0;
30  }
```

图 7-13　实验案例 7-7 参考代码

运行结果如图 7-14 所示。

```
The original data :
  2  2  2  3  4  4  5  6  6  6  6  7  7  8  9  9 10 10 10 10

The data after deleted :
  2  3  4  5  6  7  8  9 10

The total number is  9
请按任意键继续. . .
```

图 7-14　实验案例 7-7 运行结果

◇ 实验说明：

（1）函数设计的基本思路是，找到数组中的每一个不同元素，将其写在正确的位置上。

（2）由于数组的读取和写入都需要通过指针 p 实现，因此若不考虑新增指针变量，则建议指针 p 不移动，通过下表的控制来实现数组元素的读取和写入。

（3）在函数中设置计数变量作为返回值。在读取数组元素的过程中，由于数组已经有序，即相同元素已经相邻排放，所以每当读取到与之前数据不同的数组元素时，计数变量值加 1。

## 7.5 拓展练习

### 7.5.1 选择题

（1）若有定义语句“double a， * p=&a;”，则以下叙述中错误的是________。

A）定义语句中的 * 号是一个间接寻址运算符

B）定义语句中的 * 号是一个指针变量说明符

C）定义语句中的 p 只能存放 double 类型变量的地址

D）定义语句中，* p=&a 把变量 a 的地址作为初值赋给指针变量 p

（2）有以下程序：

```
void point(char * p)
{
    p+=3;
}
int main()
{
    char b[4]={'a','b','c','d'}, * p=b;
    point(p);
    printf("%c\n", * p);
    return 0;
}
```

程序运行后的输出结果是________。

A）a　　B）b　　C）c　　D）d

（3）设有定义“int n1=0，n2，* p=&n2，* q=&n1;”，以下赋值语句中与“n2=n1;”语句等价的是________。

A）* p= * q;　　B）p=q　　C）* p=&n1　　D）p= * q

（4）有以下程序：

```
#include<stdio.h>
int main()
{
    int a[10]={1,2,3,4,5,6,7,8,9,10}, * p=&a[3], * q=p+2;
    printf("%d\n", * p+ * q);
    return 0;
}
```

程序运行后的输出结果是________。

A）16　　B）10　　C）8　　D）6

（5）有以下程序（注：字符 a 的 ASCII 码值为 97）：

```
#include<stdio.h>
int main()
{
    char * s ={"abc"};
    do
    {
        printf("%d", * s%10);
        ++s;
    }
    while( * s);
}
```

程序运行后的输出结果是________。

A）abc　　B）789　　C）7890　　D）979899

（6）若有定义语句“int year=2009，* p=&year;”，以下不能使变量 year 中的值增至

2010 的语句是________。

A）＊p+=1;　　B）（＊p）++;　　C）++（＊p）;　　D）＊p++;

（7）有以下程序：

```
#include  <stdio.h>
void fun(int  *p)
{    printf("%d\n",p[5]);}
int main()
{
    int a[10]={1,2,3,4,5,6,7,8,9,10};
    fun(&a[3]);
    return 0;
}
```

程序运行后的输出结果是________。

A）5　　B）6　　C）8　　D）9

（8）有以下函数：

```
int fun(char *x,char *y)
{
    int n=0;
    while((*x==*y)&&*x!='\0')
    {
        x++;
        y++;
        n++;
    }
    return  n;
}
```

函数的功能是________。

A）查找 x 和 y 所指字符串中是否有“\0”

B）统计 x 和 y 所指字符串中最前面连续相同的字符个数

C）将 y 所指字符串赋给 x 所指存储空间

D）统计 x 和 y 所指字符串中相同的字符个数

（9）若有定义语句“char＊s1="OK",＊s2="ok";”，以下选项中能够输出“OK”的语句是________。

A）if(strcmp(s1,s2)==0)　puts(s1);

B）if(strcmp(s1,s2)!=0)　puts(s2);

C）if(strcmp(s1,s2)==1)　puts(s1);

D）if(strcmp(s1,s2)!=0)　puts(s1);

（10）以下语句或语句组中，能正确进行字符串赋值的是________。

A）char＊sp;＊sp="right!"

B）char s[10];s="right!";

C）char s[10];＊s="right!";

D）char＊sp="right!";

## 7.5.2 程序填空

（1）用指针输出整型数组元素。按照程序要求补充代码，读程序并写出程序的运行结果，通过编译器对结果进行验证。下列程序利用指针访问数组 a 的地址空间，将数组 a 的 8 个元素求和，并输出求和 sum 变量。请利用学过的指针知识，上机完善两处填空，并输出结果。

```
#include<stdio.h>
int main()
{
    int a[8]={8,7,6,5,4,3,2,1},i=0,*p=a,sum=0;
    while(①<8)              //控制累加次数
    {
        sum+=②;             //运用指针访问每个数组元素
    }
    printf("sum=%d\n",sum);
    return 0;
}
```

（2）以下程序通过调用 findmax( ) 函数求数组中值最大的元素在数组中的下标，请填空。

```
#include<stdio.h>
int findmax(int *s,int t,int *k)
{
    int p;
    for(p=0,*k=p;p<t;p++)
    if(s[p]>s[*k])
    {
        ________
    }
    return p;
}
int main()
{
    int a[10],i,k;
    for(i=0;i<10;i++)scanf("%d",&a[i]);
    findmax(a,10,&k);
    printf("%d,%d\n",k,a[k]);
    return 0;
}
```

（3）已定义以下函数：

```
fun(char *p2,char *p1)
{
    while((*p2=*p1)!='\0')
    {
        p1++;
        p2++;
    }
}
```

函数的功能是________。

### 7.5.3　延伸任务

（1）结合实验案例7-3的编程思路，思考并练习使用指向字符串的指针。通过指向字符串头部和尾部的指针，完成以下功能：判断输入的一串字符串是否为“回文”。所谓“回文”，是指顺读和倒读都一样的字符串，如“level”和“ABCCBA”都是回文。

（2）结合实验案例7-6的编程思路，若数组是一个无序数组，则思考如何通过指针变量完成数组元素的排序，然后进行重复元素的删除。请重新设计函数功能（不限于一个函数），以及主函数对用户自定义函数的功能调用过程，编码实现。

### 7.5.4　程序设计

（1）编写函数code（char * p)，对以指针传递进来的字符串进行简单加密后显示，然后在main()中设法验证该加密函数的功能。

提示：

1）加密方式可自行设计，例如：字符串中每个字符的ASCII码加1；或基数位ASCII码加1，偶数位ASCII码减1等，加密方式在code()函数中体现，通过标注程序注释说明所采用的加密方法。

2）main()函数给定待加密的字符串，并实施加密，然后输出加密后的字符串。

3）延伸：编写解密函数，在main()函数中对已加密字符串进行解密，验证进行加密及解密后的字符串是否与原来的内容相同。

（2）编写一个函数fun()，它的功能是比较两个字符串的长度（要求不得调用C语言提供的求字符串长度的函数），函数返回较长的字符串。若两个字符串的长度相同，则返回第一个字符串。

例如，输入beijing<CR>shanghai<CR>(<CR>为回车键)，函数将返回shanghai。

提示：

1）比较字符串的长短，可在遍历数组元素的过程中通过计数的方式统计“/0”前所有数组元素的个数。

2）由于最终返回的是一个字符串，函数返回值为指向字符串首地址的指针，因此应设计该函数返回值类型为字符类型的指针。

3）可使用for循环来判断两个字符串中的哪一个比较长或两者相等，循环的终止值为两个字符串中是否有字符串结束符，如果有，则退出循环体。接下来判断两个字符串是否同时出现结束符，若是，则返回第一个字符串s，若不是，则判断哪一个字符串先有结束符，则按要求返回指定的字符串。

（3）请编写函数fun()，对于含有7个字符的字符串，除首、尾字符外，用指针实现将其余5个字符按ASCII码降序排列。例如，原来的字符串为CEAedca，排序后的输出为CedcEAa。

提示：

1）本题考察如何对字符串中的字符按降序进行排列。

2）使用双重 for 循环以及冒泡法进行排序，通过下标变量的控制实现对待排序内容的排序过程。

3）结果仍存放在原先的字符串中。

## 7.6 拓展练习参考答案

扫码查看答案

# 第8章

# 结 构 体

## 8.1 学习目标

◇ 掌握结构体变量的定义、初始化和成员引用的正确方法；
◇ 掌握结构体变量的存储结构；
◇ 掌握指针变量访问结构体成员的方法；
◇ 掌握结构体数组的定义、初始化和引用的正确方法；
◇ 掌握指针变量访问结构体数组元素的方法；
◇ 掌握结构体变量、结构体指针作为函数参数或者函数返回值的方法。

## 8.2 知识重点

◇ 定义结构体类型变量的方法；
◇ 结构体变量的引用；
◇ 结构体变量的初始化；
◇ 指向结构体类型数据的指针。

## 8.3 知识难点

◇ 结构体也是一种数据类型，它由程序员自己定义，可以包含多个其他类型的数据；

◇ 结构体是一种自定义的数据类型，是创建变量的模板，不占用内存空间；

◇ 一个结构体变量的指针就是该变量所占据的内存段的起始地址，该指针变量既可以用来指向一个结构体变量，也可以用来指向结构体数组中的元素；

◇ 将一个结构体变量的值传递给另一个函数，有3种方法：用结构体变量的成员作为参数、用结构体变量作为实参、用指向结构体变量（或数组）的指针作为实参，将结构体变量（或数组）的地址传给形参。

## 8.4 案例及解析

### 8.4.1 实验案例 8-1

定义一个结构体变量，用于存储某学生的个人信息并打印输出。

◇ 问题分析：

（1）在 C 语言中，可以使用结构体（Struct）来存放一组不同类型的数据。结构体是一种集合，它里面包含了多个变量或数组，它们的类型可以相同，也可以不同，每个这样的变量或数组都称为结构体的成员（Member）。

（2）请看下面的一个例子：

```
    struct stu{
    char * name;  //姓名
    int num;  //学号
    int age;  //年龄
    char group;  //所在小组
    float score;  //成绩
 };
```

stu 为结构体名，它包含了 5 个成员，分别是 name、num、age、group、score。结构体成员的定义方式与变量和数组的定义方式相同，只是不能初始化。

（3）既然结构体是一种数据类型，那么就可以用它来定义变量，如“struct stu stu1，stu2”。

（4）定义了两个变量 stu1 和 stu2，它们都是 stu 类型，都由 5 个成员组成。

（5）结构体和数组类似，也是一组数据的集合，整体使用没有太大的意义。数组使用下标［］获取单个元素，结构体使用点号 . 获取单个成员。获取结构体成员的一般格式为结构体变量名 . 成员名。

◇ 实验步骤：

（1）打开 VC++ 2010 集成开发环境，正确创建一个 C 源文件。

（2）在代码编辑窗口输入代码，如图 8-1 所示。

（3）执行程序。要在 VC++ 2010 中编译、连接、运行程序，可直接使用快捷键 Ctrl+F5，程序运行结果如图 8-2 所示。

◇ 实验说明：

（1）除了可以对成员进行逐一赋值外，也可以在定义时整体赋值，例如：

```
struct{
    char * name;  //姓名
    int num;  //学号
    int age;  //年龄
    char group;  //所在小组
    float score;  //成绩
} stu1,stu2={ "Tom",12,18,'A',136.5 };
```

不过当整体赋值仅限于定义结构体变量时，在使用过程中只能对成员逐一赋值，这与数组的赋值非常类似。

```
1  #include <stdio.h>
2  int main(){
3      struct{
4          char *name;  //姓名
5          int num;  //学号
6          int age;  //年龄
7          char group;  //所在小组
8          float score;  //成绩
9      } stu1;
10
11     //给结构体成员赋值
12     stu1.name = "Tom";
13     stu1.num = 12;
14     stu1.age = 18;
15     stu1.group = 'A';
16     stu1.score = 136.5;
17
18     //读取结构体成员的值
19     printf("%s的学号是%d，年龄是%d，在%c组，今年的成绩是%.1f！\n",
20            stu1.name, stu1.num, stu1.age, stu1.group, stu1.score);
21
22     return 0;
23 }
```

**图 8-1　实验案例 8-1 参考代码**

```
Tom的学号是12，年龄是18，在A组，今年的成绩是136.5！
请按任意键继续. . .
```

**图 8-2　实验案例 8-1 代码运行结果**

(2) 需要注意的是，结构体是一种自定义的数据类型，是创建变量的模板，不占用内存空间；结构体变量则包含了实实在在的数据，需要内存空间来存储。

(3) 输出语句中%.1f 的含义是对输出项的 stu1.score 结果保留一位小数。

## 8.4.2　实验案例 8-2

计算全班学生的总成绩、平均成绩和 140 分以下的人数。

◇ 问题分析：

(1) 在实际应用中，C 语言结构体数组常被用来表示一个拥有相同数据结构的群体，比如一个班的学生、一个车间的职工等。

(2) 在 C 语言中，定义结构体数组和定义结构体变量的方式类似，请看下面的例子：

```
struct stu{
    char * name;  //姓名
    int num;  //学号
    int age;  //年龄
    char group;  //所在小组
    float score;  //成绩
}class[5];
```

该语句表示一个班级有 5 个学生。

(3) 结构体数组在定义的同时也可以初始化，例如：

```
struct stu{
    char * name;  //姓名
```

```
    int num;  //学号
    int age;  //年龄
    char group;  //所在小组
    float score;  //成绩
}class[5]= {
    {"Li ping",5,18,'C',145.0},
    {"Zhang ping",4,19,'A',130.5},
    {"He fang",1,18,'A',148.5},
    {"Cheng ling",2,17,'F',139.0},
    {"Wang ming",3,17,'B',144.5}
};
```

（4）结构体数组的使用也很简单，例如，获取 Wang ming 的成绩可使用“class［4］. score;”，修改 Li ping 的学习小组可使用“class[0]. group='B'”。

◇ 实验步骤：

（1）打开 VC++ 2010 集成开发环境，正确创建一个 C 源文件。

（2）在代码编辑窗口输入代码，如图 8-3 所示。

```
1  #include <stdio.h>
2
3  struct{
4      char *name;  //姓名
5      int num;  //学号
6      int age;  //年龄
7      char group;  //所在小组
8      float score;  //成绩
9  }class[] = {
10     {"Li ping", 5, 18, 'C', 145.0},
11     {"Zhang ping", 4, 19, 'A', 130.5},
12     {"He fang", 1, 18, 'A', 148.5},
13     {"Cheng ling", 2, 17, 'F', 139.0},
14     {"Wang ming", 3, 17, 'B', 144.5}
15 };
16
17 int main(){
18     int i, num_140 = 0;
19     float sum = 0;
20     for(i=0; i<5; i++){
21         sum += class[i].score;
22         if(class[i].score < 140) num_140++;
23     }
24     printf("sum=%.2f\naverage=%.2f\nnum_140=%d\n", sum, sum/5, num_140);
25     return 0;
26 }
```

**图 8-3　实验案例 8-2 参考代码**

（3）执行程序。要在 VC++ 2010 中编译、连接、运行程序，可直接使用快捷键 Ctrl+F5，程序运行结果如图 8-4所示。

```
sum=707.50
average=141.50
num_140=2
请按任意键继续. . .
```

**图 8-4　实验案例 8-2 代码运行结果**

◇ 实验说明：

（1）在 main( ) 函数外对结构体数组进行全局说明。

（2）当对数组中的全部元素赋值时，也可不给出数组长度，如本例。

（3）利用循环计算出记录结构中学生成绩的总分，进而求得平均值。

（4）利用循环统计出低于 140 分的人数。

### 8.4.3 实验案例 8-3

定义一个结构体变量来存储某学生的个人信息，再定义一个结构体指针变量来指向该结构体变量。用两种方法打印输出学生个人信息。

◇ 问题分析：

（1）当一个指针变量指向结构体时，就称它为结构体指针。C 语言结构体指针的定义形式一般为“struct 结构体名 * 变量名”。

（2）下面是一个定义结构体指针的实例：

```
//结构体
struct stu{
    char * name;  //姓名
    int num;  //学号
    int age;  //年龄
    char group;  //所在小组
    float score;  //成绩
} stu1 = { "Tom",12,18,'A',136.5 };
//结构体指针
struct stu * pstu = &stu1;
```

（3）结构体变量名和数组名不同，数组名在表达式中会被转换为数组指针，而结构体变量名则不会，在任何表达式中它表示的都是整个集合本身，要想取得结构体变量的地址，必须在前面加 &，所以给 pstu 赋值只能写作“struct stu * pstu = &stu1”。

（4）通过结构体指针可以获取结构体成员，一般形式为（ * pointer）. memberName 或者 pointer->memberName。

◇ 实验步骤：

（1）打开 VC++ 2010 集成开发环境，正确创建一个 C 源文件。

（2）在代码编辑窗口输入代码，如图 8-5 所示。

```
1  #include <stdio.h>
2  int main(){
3      struct{
4          char *name;  //姓名
5          int num;  //学号
6          int age;  //年龄
7          char group;  //所在小组
8          float score;  //成绩
9      } stu1 = { "Tom", 12, 18, 'A', 136.5 }, *pstu = &stu1;
10     //读取结构体成员的值
11     printf("%s的学号是%d, 年龄是%d, 在%c组, 今年的成绩是%.1f! \n",
12            (*pstu).name, (*pstu).num, (*pstu).age, (*pstu).group, (*pstu).score);
13     printf("%s的学号是%d, 年龄是%d, 在%c组, 今年的成绩是%.1f! \n",
14            pstu->name, pstu->num, pstu->age, pstu->group, pstu->score);
15     return 0;
16 }
```

图 8-5　实验案例 8-3 参考代码

（3）执行程序。要在 VC++ 2010 中编译、连接、运行程序，可直接使用快捷键 Ctrl+F5，程序运行结果如图 8-6 所示。

```
Tom的学号是12，年龄是18，在A组，今年的成绩是136.5!
Tom的学号是12，年龄是18，在A组，今年的成绩是136.5!
请按任意键继续. . .
```

**图 8-6　实验案例 8-3 代码运行结果**

◇ 实验说明：

（1）也可以在定义结构体的同时定义结构体指针：

```
struct stu{
char * name;  //姓名
int num;  //学号
int age;  //年龄
char group;  //所在小组
float score;  //成绩
} stu1={ "Tom",12,18,'A',136.5 }, * pstu=&stu1;
```

（2）结构体是一种数据类型，也是一种创建变量的模板，编译器不会为它分配内存空间，就像 int、float、char 这些关键字本身不占用内存一样；结构体变量才包含实实在在的数据，才需要内存来存储。下面的写法是错误的，不可能去取一个结构体名的地址，也不能将它赋值给其他变量：

```
struct stu * pstu=&stu;
struct stu * pstu=stu;
```

（3）通过结构体指针可以获取结构体成员，一般形式为 pointer->memberName。->是一个新的运算符，习惯称它为“箭头”。有了它，可以通过结构体指针直接取得结构体成员。这也是->在 C 语言中的唯一用途。

（4）本例中的 pstu->name 也可以写成( * pstu).name。“.”的优先级高于“ * ”，( * pstu)两边的括号不能少。如果去掉括号，写成 * pstu.name，那么就等效于 * (pstu.name)。

### 8.4.4　实验案例 8-4

定义一个结构体数组用于存储若干学生的个人信息，再定义一个结构体指针变量指向该数组，使用该指针依次指向各数组元素，并打印输出其个人信息。

◇ 问题分析：

（1）结构体指针除了可以指向结构体变量外，也可以指向结构体数组的任一元素。

（2）在 main( ) 函数外定义一个结构体数组，用于存放学生信息。

（3）在 main( ) 函数内，利用循环及“指针+偏移量”的方法，依次访问结构体数组各元素，并打印输出学生信息。

◇ 实验步骤：

（1）打开 VC++ 2010 集成开发环境，正确创建一个 C 源文件。

（2）在代码编辑窗口输入代码，如图 8-7 所示。

（3）执行程序。要在 VC++ 2010 中编译、连接、运行程序，可直接使用快捷键 Ctrl+F5，程序运行结果如图 8-8 所示。

```
1  #include <stdio.h>
2  
3  struct stu{
4      char *name;  //姓名
5      int num;  //学号
6      int age;  //年龄
7      char group;  //所在小组
8      float score;  //成绩
9  }stus[] = {
10     {"Zhou ping", 5, 18, 'C', 145.0},
11     {"Zhang ping", 4, 19, 'A', 130.5},
12     {"Liu fang", 1, 18, 'A', 148.5},
13     {"Cheng ling", 2, 17, 'F', 139.0},
14     {"Wang ming", 3, 17, 'B', 144.5}
15 }, *ps;
16 
17 int main(){
18     //求数组长度
19     int len = sizeof(stus) / sizeof(struct stu);
20     printf("Name\t\tNum\tAge\tGroup\tScore\t\n");
21     for(ps=stus; ps<stus+len; ps++){
22         printf("%s\t%d\t%d\t%c\t%.1f\n", ps->name, ps->num, ps->age, ps->group, ps->score);
23     }
24 
25     return 0;
26 }
```

**图 8-7 实验案例 8-4 参考代码**

```
Name            Num     Age     Group   Score
Zhou ping       5       18      C       145.0
Zhang ping      4       19      A       130.5
Liu fang        1       18      A       148.5
Cheng ling      2       17      F       139.0
Wang ming       3       17      B       144.5
请按任意键继续. . .
```

**图 8-8 实验案例 8-4 代码运行结果**

◇ 实验说明：

（1）也可以在定义结构体指针的同时为其赋值。

（2）输出语句也可以写为 printf("%s\t%d\t%d\t%c\t%.1f\n",(*ps).name,(*ps).num,(*ps).age,(*ps).group,(*ps).score)。需要特别注意的是，*ps 左右两侧的圆括号不可省略掉。

## 8.4.5 实验案例 8-5

用结构体指针变量作为形参，定义子函数来计算全班学生的总成绩、平均成绩以及 140 分以下的人数。

◇ 问题分析：

（1）结构体变量名代表的是整个集合本身，作为函数参数时传递的是整个集合，也就是所有成员，而不是像数组一样被编译器转换成一个指针。

（2）当结构体成员较多，尤其是成员为数组时，传送的时间和空间开销会很大，影响程序的运行效率。

（3）最好的办法就是使用结构体指针，这时由实参传向形参的只是一个地址，非常快速。

◇ 实验步骤：

（1）打开 VC++ 2010 集成开发环境，正确创建一个 C 源文件。

（2）在代码编辑窗口输入代码，如图 8-9 所示。

```
#include <stdio.h>

struct stu{
    char *name;  //姓名
    int num;  //学号
    int age;  //年龄
    char group;  //所在小组
    float score;  //成绩
}stus[] = {
    {"Li ping", 5, 18, 'C', 145.0},
    {"Zhang ping", 4, 19, 'A', 130.5},
    {"He fang", 1, 18, 'A', 148.5},
    {"Cheng ling", 2, 17, 'F', 139.0},
    {"Wang ming", 3, 17, 'B', 144.5}
};

void average(struct stu *ps, int len);

int main(){
    int len = sizeof(stus) / sizeof(struct stu);
    average(stus, len);
    return 0;
}

void average(struct stu *ps, int len){
    int i, num_140 = 0;
    float average, sum = 0;
    for(i=0; i<len; i++){
        sum += (ps + i) -> score;
        if((ps + i)->score < 140) num_140++;
    }
    printf("sum=%.2f\naverage=%.2f\nnum_140=%d\n", sum, sum/5, num_140);
}
```

**图 8-9　实验案例 8-5 参考代码**

（3）执行程序。要在 VC++ 2010 中编译、连接、运行程序，可直接使用快捷键 Ctrl+F5，程序运行结果如图 8-10 所示。

```
sum=707.50
average=141.50
num_140=2
请按任意键继续. . .
```

**图 8-10　实验案例 8-5 代码运行结果**

◇ 实验说明：

（1）void average(struct stu * ps, int len) 是函数原型。

（2）代码“len=sizeof(stus)/ sizeof(struct stu);”用于计算结构体数组的大小。

（3）结构体指针变量作为形参，也可将函数声明修改为“void average (struct stu ps[ ], int len);”。

## 8.5　拓展练习

### 8.5.1　选择题

（1）设有定义：

```
struct complex
    {int real,unreal;} data1={1,8},data2;
```

则以下赋值语句错误的是________。

A）data2=data1;　　　　　　B）data2 =(2,6);

C） data2. real=data1. real;　　　　D） data2. real=data1. unreal;

（2）设有如下定义：

```
struck sk
{
    int a;
    float b;
} data;
int *p;
```

若要使 P 指向 data 中的 a 域，正确的赋值语句是________。

A） p=&a;　　　　B） p=data. a;

C） p=&data. a;　　　　D） *p=data. a;

（3）设有定义"struct {char mark [12]; int num1; double num2;} t1, t2;"，若变量均已正确赋初值，则以下语句中错误的是________。

A） t1=t2;　　　　B） t2. num1=t1. num1;

C） t2. mark=t1. mark;　　　　D） t2. num2=t1. num2;

（4）有以下定义和语句：

```
struct workers
{
    int num;
    char name[20];
    struct
    {
        int day;
        int month;
        int year;
    } s;
};
struct workers w, *pw;
pw=&w;
```

能给 w 中的 year 成员赋 1980 的语句是________。

A） *pw. year=1980;　　　　B） w. year=1980;

C） pw->year=1980;　　　　D） w. s. year=1980;

（5）有以下程序：

```
struct STU
{
    char num[10];
    float score[3];
};
int main()
{
    struct STU s[3]={{"20021",90,95,85},{"20022",95,80,75},{"20023",
100,95,90}},*p=s;
    int i;float sum=0;
    for(i=0;i<3;i++)
        sum=sum+p->score[i];
    printf("%6.2f\n",sum);
    return 0;
}
```

程序运行后的输出结果是________。

A）260.00　　B）270.00　　C）280.00　　D）285.00

（6）设有如下定义：

```
struct sk
{
    int a;
    float b;
} data;
int *p;
```

若要使 p 指向 data 中的 a 域，正确的赋值语句是________。

A）p=&a;　　B）p=data.a;　　C）p=&data.a;　　D）*p=data.a;

（7）有以下程序：

```
#include<stdio.h>
struct ord
{
    int x,y;
} dt[2]={1,2,3,4};
main()
{
        struct ord *p=dt;
        printf("%d,",++p->x);
        printf("%d\n",++p->y);
}
```

程序的运行结果是________。

A）1，2　　B）2，3　　C）3，4　　D）4，1

（8）有以下程序：

```
struct s
{
     int x,y;
} data[2]={10,100,20,200};
main()
{
     struct s *p=data;
     printf("%d\n",++(p->x));
}
```

程序运行后的输出结果是________。

A）10　　B）11　　C）20　　D）21

（9）有以下程序：

```
#include<stdio.h>
struct S
{
     int a,b;
} data[2]={10,100,20,200};
main()
{
     struct S p=data[1];
     printf("%d\n",++(p.a));
}
```

程序运行后的输出结果是________。

A）10　　B）11　　C）20　　D）21

（10）有以下程序：

```
#include  <stdio.h>
#include  <string.h>
struct STU
{
    char name[10];
    int  num;
};
void f(char * name,int num)
{
    struct STU s[2]= {{"SunDan",20044},{"Penghua",20045}};
    num=s[0].num;
    strcpy(name,s[0].name);
}
int main()
{
    struct STU s[2]= {{"YangSan",20041},{"LiSiGao",20042}}, * p;
    p=&s[1];f(p->name,p->num);
    printf("%s %d\n",p->name,p->num);
}
```

程序运行后的输出结果是________。

A）SunDan　20042　　　　B）SunDan　20044

C）LiSiGuo　20042　　　　D）YangSan　20041

## 8.5.2 程序填空

（1）人员的记录由编号和出生年、月、日组成，N名人员的数据已在主函数中存入结构体数组std中，且编号唯一。函数fun()的功能是：找出指定编号人员的数据，作为函数值返回，由主函数输出，若指定编号不存在，则返回数据中的编号为空串。

```
#include  <stdio.h>
#include  <string.h>
#define  N  8
typedef  struct
{
    char  num[10];
    int  year,month,day ;
}STU;
①    fun(STU  * std,char  * num)
{
    int i;
    STU  a={"",9999,99,99};
    for(i=0;i<N;i++)
        if( strcmp(②,num)==0)
            return(③);
    return  a;
}
main()
{
    STU  std[N]={ {"111111",1984,2,15},{"222222",1983,9,21},{"333333",1984,9,1},
        {"444444",1983,7,15},{"555555",1984,9,28},{"666666",1983,11,15},
```

```
        {"777777",1983,6,22},{"888888",1984,8,19}};
    STU  p;
    char  n[10]="666666";
    p=fun(std,n);
    if(p.num[0]==0)
        printf("\nNot found !\n");
    else
    {
        printf("\nSucceed !\n  ");
        printf("%s  %d-%d-%d\n",p.num,p.year,p.month,p.day);
    }
}
```

（2）人员的记录由编号和出生年、月、日组成，N 名人员的数据已在主函数中存入结构体数组 std 中。函数 fun( ) 的功能是，找出指定出生年份的人员，将其数据放在形参 k 所指的数组中，由主函数输出，同时由函数值返回满足指定条件的人数。

```
#include  <stdio.h>
#define  N  8
typedef struct
{
    int num;
    int year,month,day ;
}STU;
int fun(STU * std,STU * k,int year)
{
    int i,n=0;
    for(i=0;i<N;i++)
        if(①==year)
            k[n++]= ②;
    return(③);
}
main()
{
    STU std[N]={ {1,1984,2,15},{2,1983,9,21},{3,1984,9,1},{4,1983,7,15},
    {5,1985,9,28},{6,1982,11,15},{7,1982,6,22},{8,1984,8,19}};
    STU k[N];
    int i,n,year;
    printf("Enter a year:");
    scanf("%d",&year);
    n=fun(std,k,year);
    if(n==0)
        printf("\nNo person was born in %d \n",year);
    else
    {
        printf("\nThese persons were born in %d \n",year);
        for(i=0;i<n;i++)
            printf("%d %d-%d-%d\n",k[i].num,k[i].year,k[i].month,k[i].day);
    }
}
```

（3）给定程序中，通过定义并赋初值的方式，利用结构体变量存储了一名学生的学号、姓名和 3 门课的成绩。函数 fun( ) 的功能是将该学生的各科成绩都乘以一个系数 a。

```
#include  <stdio.h>
typedef  struct
{
    int  num;
    char  name[9];
    float  score[3];
}STU;
void show(STU  tt)
{
    int  i;
    printf("%d  %s  :  ",tt.num,tt.name);
    for(i=0;i<3;i++)
        printf("%5.1f",tt.score[i]);
    printf("\n");
}
void modify(①*ss,float  a)
{
    int  i;
    for(i=0;i<3;i++)
        ss->②*=a;
}
main()
{
    STU  std={ 1,"Zhanghua",76.5,78.0,82.0 };
    float  a;
    printf("\nThe original number and name and scores:\n");
    show(std);
    printf("\nInput a number:  ");  scanf("%f",&a);
    modify(③,a);
    printf("\nA result of modifying:\n");
    show(std);
}
```

## 8.5.3 延伸任务

（1）结合案例 8-1 的编程思路，利用结构体变量存储一名学生的信息。请设计子函数 fun( ) 输出这位学生的信息。在 main( ) 函数中正确调用该子函数，实现相关功能。

（2）结合案例 8-4 的编程思路，请设计子函数 fun( )，用结构体数组作为函数形参，用该结构体数组中年龄最大者的数据作为返回值。在 main( ) 函数中正确调用该子函数，实现相关功能。

## 8.5.4 程序设计

（1）学生的记录由学号和成绩组成，N 名学生的数据已在主函数中放入结构体数组 s 中，请编写函数 fun( )，它的功能是按分数的高低排列学生的记录，高分在前。

```
#include <stdio.h>
#define  N  16
typedef  struct
{
    char  num[10];
    int  s;
} STREC;
void  fun( STREC  a[])
{
}
int main()
{
    STREC  s[N]={{"GA005",85},{"GA003",76},{"GA002",69},{"GA004",85},
                  {"GA001",91},{"GA007",72},{"GA008",64},{"GA006",87},
                  {"GA015",85},{"GA013",91},{"GA012",64},{"GA014",91},
                  {"GA011",66},{"GA017",64},{"GA018",64},{"GA016",72}};
    int  i;
    fun( s);
    printf("The data after sorted:\n");
    for(i=0;i<N;i++)
    {
        if((i)%4==0)
            printf("\n");
        printf("%s  %4d  ",s[i].num,s[i].s);
    }
    printf("\n");
    return 0;
}
```

（2）N名学生的成绩已在主函数中放入一个带头节点的链表结构，h指向链表的头节点。请编写函数fun()，它的功能是求出平均分，由函数值返回。例如，若学生的成绩是85,76,69,85,91,72,64,87，则平均分应当是78.625。

```
#include <stdio.h>
#include <stdlib.h>
#define  N  8
struct  slist
{
    double  s;
    struct slist  *next;
};
typedef  struct slist  STREC;
double  fun( STREC *h  )
{

}
STREC *creat(double *s)
{
    STREC  *h,*p,*q;
    int  i=0;
```

```
    h=p=(STREC*)malloc(sizeof(STREC));
    p->s=0;
    while(i<N)
    {
        q=(STREC*)malloc(sizeof(STREC));
        q->s=s[i];
        i++;
        p->next=q;
        p=q;
    }
    p->next=0;
    return  h;
}
void outlist( STREC*h)
{
    STREC   *p;
    p=h->next;printf("head");
    do{
       printf("->%4.1f",p->s);p= p->next;
    } while(p!=0);
    printf("\n\n");
}
int main()
{
    double  s[N]={85,76,69,85,91,72,64,87},ave;
    STREC   *h;
    h=creat( s);
    outlist(h);
    ave=fun( h);
    printf("ave= %6.3f\n",ave);
    return 0;
}
```

## 8.6 拓展练习参考答案

扫码查看答案

# 第 9 章

# 文件操作及综合实验

## 9.1 学习目标

◇ 掌握文件系统和分类，文件名、文件的分类、文件读写的基本概念；
◇ 掌握文件操作步骤；
◇ 掌握文本文件的读写；
◇ 能够进行单个字符、字符串的读写；
◇ 能够进行文件复制等程序的编写；
◇ 掌握文件的写入及读出；
◇ 能够对数据块进行操作；
◇ 能够进行文件打开的出错检测；
◇ 掌握数据块的读写；
◇ 掌握文件中位置指针的概念；
◇ 掌握文件定位操作的意义。

## 9.2 知识重点

◇ 文本文件的操作；
◇ 二进制文件的操作；
◇ 文件的定位操作和随机读写；
◇ 单个字符、字符串的文件读写；
◇ 文件定位操作的意义。

## 9.3 知识难点

◇ 文件的写入及读出；
◇ 数据块的读写；
◇ 文件的随机读写。

# 9.4　案例及解析

## 9.4.1　实验案例 9-1

从键盘接收字符后写到文件中去，然后将其关闭。

◇ 问题分析：

（1）定义文件指针，通过 fopen( ) 函数打开文件。

（2）利用循环，从键盘输入字符，写入文件。

（3）通过 fclose( ) 函数关闭文件，释放资源。

◇ 操作步骤：

（1）打开 VC++ 2010 集成开发环境，正确创建一个 C 源文件。

（2）在代码编辑窗口输入代码，如图 9-1 所示。

```
(全局范围)                                      main()
 1  #include<stdio.h>
 2  int main()
 3  {
 4      char c;
 5      FILE *fp;
 6      fp=fopen("e:\\test\\test.txt","w+");
 7      if(fp!=NULL)
 8          do
 9          {
10              c=getchar();
11              fputc(c,fp);
12          }while(c!='q');
13          fclose(fp);
14          return 0;
15  }
```

图 9-1　实验案例 9-1 参考代码

（3）执行程序。要在 VC++ 2010 中编译、连接、运行程序，可直接使用快捷键 Ctrl+F5，输入字符“This is my c program. q”并按 Enter 键，如图 9-2 所示。

图 9-2　实验案例 9-1 运行时的输入内容

（4）按任意键结束控制台显示后，打开 e:\\test\\test. txt 文件，观察文件内容是否与输入一致。

◇ 程序说明：

（1）通过此案例掌握写入文件的基本操作方法。

（2）代码第 5 行定义了一个指向文件的指针变量 * fp。

（3）代码第 6 行通过 fopen( ) 函数以可读写方式打开文件 e:\\test\\test. txt。若 test. txt 文件不存在，则建立该文件，但前提是 e:\\test 文件路径必须先存在。

（4）第 8 行开始的 do-while 循环完成将输入的字符保存到文件，直到输入 q 为止。

（5）代码第 13 行通过 fclose( ) 函数关闭文件，释放资源。

（6）程序执行结束后，打开 e:\\test\\test.txt，观察文件中的内容，此时与键盘输入内容完全一致，包括最后输入的退出标志字符 q。

（7）思考：为什么文件使用结束后，需要使用 fclose( ) 函数关闭文件?

（8）思考：以 w+方式使用文件，与以 wb+方式使用文件有什么不同?

### 9.4.2 实验案例 9-2

从文件中读取字符，并通过显示器显示出来，然后将其关闭。

◇ 问题分析：

（1）定义文件指针，通过 fopen( ) 函数打开文件。

（2）利用循环，从文件读取字符，并显示到显示器。

（3）通过 fclose( ) 函数释放指针，关闭文件。

◇ 操作步骤：

（1）打开 VC++ 2010 集成开发环境，正确创建一个 C 源文件。

（2）在代码编辑窗口输入代码，如图 9-3 所示。

```
(全局范围)
1   #include<stdio.h>
2   int main()
3   {
4       FILE *fp;
5       char c;
6       fp=fopen("e:\\test\\test.txt","r+");
7       if(fp!=NULL)
8           do
9           {
10              c=fgetc(fp);
11              putchar(c);
12          }while(c!=EOF);
13          fclose(fp);
14          return 0;
15  }
```

图 9-3 实验案例 9-2 参考代码

（3）执行程序。要在 VC++ 2010 中编译、连接、运行程序，可直接使用快捷键 Ctrl+F5。本案例是从 e:\\test\\test.txt 文件中读出字符的，即实验案例 9-1 中写入文件的内容，运行结果如图 9-4 所示。

```
This is my c program.q 请按任意键继续. . .
```

图 9-4 实验案例 9-2 运行结果

◇ 程序说明：

（1）通过此案例，掌握读取文件的基本操作方法。

（2）代码第 4 行定义了一个指向文件的指针变量 fp。

（3）代码第 6 行通过 fopen( ) 函数打开必须存在的可读写文件 e:\\test\\test.txt，此文件通过实验案例 9-1 已经创建并写入内容。

（4）代码第8行开始的do-while循环完成从e:\\test\\test.txt文件中读取字符，然后输出到显示器，直到文件结束为止。

（5）代码第13行通过fclose()关闭文件，释放资源。

（6）思考：以r+方式使用文件，与以r方式使用文件有什么不同？

### 9.4.3 实验案例9-3

从键盘上输入3个学生的学号及考试成绩，将这些数据写入磁盘文件中，再将文件中的信息读出，并显示到屏幕上。

◇ 问题分析：

（1）将学生信息定义为结构体类型的数组。

（2）打开文件。

（3）将键盘输入的3个学生学号及成绩写入文件。

（4）以只读方式打开已写入学生信息的文件。

（5）读取学生信息到结构体数组变量中。

（6）在屏幕显示从文件中读取到的学生信息。

（7）完成题目要求功能后，通过fclose()函数关闭文件，释放资源。

◇ 操作步骤：

（1）打开VC++ 2010集成开发环境，正确创建一个C源文件。

（2）在代码编辑窗口输入代码；

```
#include<stdio.h>
#define N 3
struct student
{
    int num;
    float score;
} stu[N];
int main()
{
    FILE * fp;
    int i;
    struct student a[N];
    printf("请顺序输入:学号成绩\n");
    for( i=0;i<N;i++)
    {
        printf("%d:",i+1);
        scanf("%d%f",&stu[i].num,&stu[i].score);
    }
    if( fp=fopen("e:\\test\\stud.dat","wb+"))
    {
        fwrite(stu,sizeof(struct student),N,fp);
        fclose(fp);
    }
    else
        printf("无法建立文件。\n");
    if( fp=fopen("e:\\test\\stud.dat","rb"))
```

```
    {
        fread(a,sizeof(struct student),N,fp);
        fclose(fp);
    }
    else
        printf("无法打开文件读取。\n");
    printf("    学生信息\n 学号成绩\n");
    for( i=0;i<N;i++)
    {
        printf("%-12d%6.2f\n",a[i].num,a[i].score);
    }
    return 0;
}
```

（3）执行程序。要在 VC++ 2010 中编译、连接、运行程序，可直接使用快捷键 Ctrl+F5。本案例是将学生信息写入 e:\\test\\stud.dat 文件，运行结果如图 9-5 所示。

**图 9-5 实验案例 9-3 运行结果参考**

◇ 程序说明：

（1）定义全局结构体类型 student 和此类型的数组 stu。

（2）从键盘输入学生信息并存放在结构体数组 stu 中。

（3）以 wb+方式打开文件 e:\\test\\stud.dat。此文件若不存在则会新建该文件。

（4）打开文件成功后，通过 fwrite() 函数向文件写入数据。

（5）文件写入成功后，通过 fp=fopen（"e:\\test\\stud.dat"," rb"）打开文件，并通过 fread() 函数读取文件中的数据。

（6）通过循环将读取到的数据输出到屏幕。

## 9.5 拓展练习

### 9.5.1 选择题

（1）若 fp 是指向某文件的指针，且已读到文件末尾，则库函数 feof（fp）的返回值是________。

A）EOF　　　B）-1　　　C）非零值　　　D）NULL

（2）以下叙述中错误的是________。

A）C 语言中对二进制文件的访问速度比文本文件快

B）C 语言中，随机文件以二进制代码形式存储数据

C）语句“FILE fp;”定义了一个名为 fp 的文件指针

D）C 语言中的文本文件以 ASCII 码形式存储数据

（3）若要打开 A 盘上的 user 子目录下名为 abc. txt 的文本文件进行读写操作，下面符合此要求的函数调用是________。

A）fopen("A:\user\abc.txt","r")

B）fopen("A:\\user\\abc.txt","r+")

C）fopen("A:\user\abc.txt","rb")

D）fopen("A:\\user\\abc.txt","w")

（4）有以下程序：

```
#include<stdio.h>
main()
{
    FILE * fp;
    int i=20,j=30,k,n;
    fp=fopen("d1.dat","w");
    fprintf(fp,"%d\n",i);
    fprintf(fp,"%d\n",j);
    fclose(fp);
    fp=fopen("d1.dat","r");
    fscanf(fp,"%d%d",&k,&n);
    printf("%d%d\n",k,n);
    fclose(fp);
}
```

程序运行后的输出结果是________。

A）2030　　B）2050　　C）3050　　D）3020

（5）有以下程序：

```
#include  <stdio.h>
main()
{
    FILE  * fp;
    int  i,k,n;
    fp=fopen("data.dat","w+");
    for(i=1;i<6;i++)
    {
        fprintf(fp,"%d  ",i);
        if(i%3==0)  fprintf(fp,"\n");
    }
    rewind(fp);
    fscanf(fp,"%d%d",&k,&n);
    printf("%d  %d\n",k,n);
    fclose(fp);
}
```

程序运行后的输出结果是________。

A）0　0　　B）123　45　　C）1　4　　D）1　2

（6）以下程序企图把从终端输入的字符输出到名为 abc. txt 的文件中，直到从终端读入字符“#”时结束输入和输出操作，但程序有错。

```
#include  <stdio.h>
main()
{
    FILE  *fout;
    char  ch;
    fout=fopen('abc.txt','w');
    ch=fgetc(stdin);
    while(ch!='#')
    {
        fputc(ch,fout);
        ch =fgetc(stdin);
    }
    fclose(fout);
}
```

出错的原因是________。

A）函数 fopen( ) 调用形式有误　　B）输入文件没有关闭

C）函数 fgetc( ) 调用形式有误　　D）文件指针 stdin 没有定义

（7）若 fp 已正确定义并指向某个文件，当未遇到该文件结束标志时，函数 feof（fp）的值为________。

A）0　　B）1　　C）-1　　D）一个非 0 值

（8）有以下程序：

```
#include<stdio.h>
main()
{
    FILE*fp;
    int i,a[6]={1,2,3,4,5,6};
    fp=fopen("d3.dat","w+b");
    fwrite(a,sizeof(int),6,fp);
    fseek(fp,sizeof(int)*3,SEEK_SET);/*读文件的位置指针从文件头向后移动
                                      3个int型数据*/
    fread(a,sizeof(int),3,fp);
    fclose(fp);
    for(i=0;i<6;i++)
        printf("%d,",a[i]);
}
```

程序运行后的输出结果是________。

A）4，5，6，4，5，6，　　B）1，2，3，4，5，6，

C）4，5，6，1，2，3，　　D）6，5，4，3，2，1，

（9）有以下程序：

```
#include  <stdio.h>
main()
{
    FILE  *fp;
    int  i;
    char  ch[]="abcd",t;
    fp=fopen("abc.dat","wb++");
```

```
    for(i=0;i<4;i++)fwrite(&ch[i],1,1,fp);
    fseek(fp,-2L,SEEK_END);
    fread(&t,1,1,fp);
    fclose(fp);
    printf("%c\n",t);
}
```

程序执行后的输出结果是________。

A) d　　B) c　　C) b　　D) a

(10) 有以下程序:

```
#include<stdio.h>
main()
{
    FILE *fp;
    char str[10];
    fp=fopen("myfile.dat","w");
    fputs("abc",fp);fclose(fp);
    fp=fopen("myfile.dat","a+");
    fprintf(fp,"%d",28);
    rewind(fp);
    fscanf(fp,"%s",str);puts(str);
    fclose(fp);
}
```

程序运行后的输出结果是________。

A) abc　　B) 28c　　C) abc28　　D) 因类型不一致而出错

### 9.5.2　程序设计

(1) 将自然数1~10以及它们的二次方根写到名为number.txt的文本文档中，然后顺序读出并显示在屏幕上。

(2) 编写程序，将从键盘输入的10名同学的学号、计算机成绩、数学成绩存入到文件score.dat中，再从文件中读取学生的信息，求出每门课程的最高分、最低分，并将每门课程的最高分、最低分的学生姓名及成绩存入文件cj.dat中。

## 9.6　拓展练习参考答案

扫码查看答案

## 9.7　综合实验

某班有最多不超过30人（具体人数由键盘输入）参加期末考试，最多不超过6门（具体门数由键盘输入）。定义结构体类型描述学生信息，学生信息包括学号、姓名、多门课的成绩、总成绩和平均成绩。用结构体数组作为函数参数，编程实现如下菜单驱动的学生成绩管理系统。

（1）输入每个学生的学号、姓名和各科考试成绩。

（2）计算每门课程的总分和平均分。

（3）计算每个学生的总分和平均分。

（4）按每个学生的总分由高到低排出名次表。

（5）按学号由小到大排出成绩表。

（6）按姓名的字典顺序排出成绩表。

（7）按学号查询学生排名及其考试成绩。

（8）按姓名查询学生排名及其考试成绩。

（9）按优秀（90~100）、良好（80~90）、中等（70~80）、及格（60~70）、不及格（0~59）5个类别，对每门课程分别统计每个类别的人数以及所占的百分比。

（10）输出每个学生的学号、姓名、各科考试成绩以及每门课程的总分和平均分。

要求程序运行后先显示如下菜单，并提示用户输入选项：

```
1. Input record
2. Caculate total and average score of every course
3. Caculate total and average score of every student
4. Sort in descending order by total score of every student
5. Sort in ascending order by number
6. Sort in dictionary order by name
7. Search by number
8. Search by name
9. Statistic analysis for every course
10. List record
0. Exit
Please input your choice:
```

◇ 综合分析：

（1）主函数完成对菜单的调用及各功能函数的调用。

（2）系统中的每一功能都对应一个子程序。

（3）通过对C语言算法的掌握，综合利用数组、指针、结构体、函数调用的相关操作才能很好地完成本案例。

（4）参考代码如下：

```
#include<stdio.h>
#include<stdlib.h>
#include<string.h>
#define MAX_LEN 10
#define STU_NUM 30
#define COURSE_NUM 6
typedef struct student
{
    long num;
```

```
    char name[MAX_LEN];
    float score[COURSE_NUM];
    float sum;
    float aver;
}STU;
int Menu();
void ReadScore(STU stu[],int n,int m);
void AverSumofEveryStudent(STU stu[],int n,int m);
void AverSumofEveryCourse(STU stu[],int n,int m);
void SortbyScore(STU stu[],int n,int m);
void SwapFloat(float * x,float * y);
void SwapLong(long * x,long * y);
void SwapChar(char x[],char y[]);
void SortbyNum(STU stu[],int n,int m);
void SortbyName(STU stu[],int n,int m);
void SearchbyNum(STU stu[],int n,int m);
void SearchbyName(STU stu[],int n,int m);
void StatisticAnalysis(STU stu[],int n,int m);
void PrintScore(STU stu[],int n,int m);
int main()
{
    int ch;
    int n=0,m=0;
    STU stu[STU_NUM];
    while(1)
    {
        ch=Menu();        //读取用户菜单并选择输入
        switch(ch)
        {
            case 1:
                printf("Input student number(n<=%d)\n",STU_NUM);
                scanf("%d",&n);
                printf("Input course number(m<=%d)\n",COURSE_NUM);
                scanf("%d",&m);
                ReadScore(stu,n,m);
                break;
            case 2:
                AverSumofEveryCourse(stu,n,m);
                break;
            case 3:
                AverSumofEveryStudent(stu,n,m);
                break;
            case 4:
                SortbyScore(stu,n,m);
                printf("\nSort in descending order by score:\n");
                PrintScore(stu,n,m);
                break;
            case 5:
                SortbyNum(stu,n,m);
                printf("\nSort in descending order by number:\n");
```

```
                PrintScore(stu,n,m);
                break;
            case 6:
                SortbyName(stu,n,m);
                printf("\nSort in descending order by name:\n");
                PrintScore(stu,n,m);
                break;
            case 7:
                SearchbyNum(stu,n,m);
                break;
            case 8:
                SearchbyName(stu,n,m);
                break;
            case 9:
                StatisticAnalysis(stu,n,m);
                break;
            case 10:
                PrintScore(stu,n,m);
                break;
            case 0:
                printf("End of program.");
                exit(0);

            default:
                printf("Input error!");

        }
    }
    return 0;
}
/*菜单功能函数,显示菜单并读取用户输入选项*/
int Menu()
{
    int itemSelected;
    printf("Management for Students'scores\n");
    printf("1.Input record\n");
    printf("2.Caculate total and average score of every course\n");
    printf("3.Caculate total and average score of every student\n");
    printf("4.Sort in descending order by total score of every student\n");
    printf("5.Sort in ascending order by number\n");
    printf("6.Sort in dictionary order by name\n");
    printf("7.Search by number\n");
    printf("8.Search by name\n");
    printf("9.Statistic analysis for every course\n");
    printf("10.List record \n");
    printf("0.Exit\n");
    printf("Please input your choice:\n");
    scanf("%d",&itemSelected);
    return itemSelected;
}
```

```
/*成绩输入函数功能:读取n个学生的m门课程成绩*/
void ReadScore(STU stu[],int n,int m)
{
    int i,j;
    printf("Input student's ID,name and score:\n");
    for(i=0;i<n;i++)
    {
        scanf("%ld%s",&stu[i].num,stu[i].name);
        for(j=0;j<m;j++)
        {
            scanf("%f",&stu[i].score[j]);
        }
    }
}
/*学生平均分和总分函数功能:计算n个学生m门课程的总分和平均分*/
void AverSumofEveryStudent(STU stu[],int n,int m)
{
    int i,j;
    for(i=0;i<n;i++)
    {
        stu[i].sum=0;
        for(j=0;j<m;j++)
        {
            stu[i].sum+=stu[i].score[j];
        }
        if(m>0)
        {
            stu[i].aver=stu[i].sum/m;
        }
        else
            stu[i].aver=-1;
        printf("student %d:sum=%.0f,aver=%.0f\n",i+1,stu[i].sum,stu
[i].aver);
    }
}
/*课程平均分和总分函数功能:计算m门课程n个学生的总分和平均分*/
void AverSumofEveryCourse(STU stu[],int n,int m)
{
    int i,j;
    float sum[COURSE_NUM],aver[COURSE_NUM];
    for(j=0;j<m;j++)
    {
        sum[j]=0;
        for(i=0;i<n;i++)
        {
            sum[j]+=stu[i].score[j];
        }
        aver[j]=n>0? sum[j]/n:-1;
        printf("course %d:sum=%.2f,aver=%.2f\n",j+1,sum[j],aver[j]);
    }
```

```
}
/*成绩排序函数功能:将学生总成绩降序排列,学生其他信息相应交换*/
void SortbyScore(STU stu[],int n,int m)
{
    int i,j,k,t;
    for(i=0;i<n-1;i++)
    {
        k=i;
        for(j=i+1;j<n;j++)
        {
            if(stu[j].sum>stu[k].sum)
                k=j;
        }
        if(k!=i)
        {
            for(t=0;t<m;t++)
            {
                SwapFloat(&stu[k].score[t],&stu[i].score[t]);
            }
            SwapFloat(&stu[k].sum,&stu[i].sum);
            SwapFloat(&stu[k].aver,&stu[i].aver);
            SwapLong(&stu[k].num,&stu[i].num);
            SwapChar(stu[k].name,stu[i].name);
        }
    }
}
/*交换函数功能:交换单精度浮点数x和y*/
void SwapFloat(float *x,float *y)
{
    float temp;
    temp=*x;
    *x=*y;
    *y=temp;
}
/*交换函数功能:交换长整型x和y*/
void SwapLong(long *x,long *y)
{
    long temp;
    temp=*x;
    *x=*y;
    *y=temp;
}
/*交换函数功能:交换字符串x和y*/
void SwapChar(char x[],char y[])
{
    char temp[MAX_LEN];
    strcpy(temp,x);
    strcpy(x,y);
    strcpy(y,temp);
}
```

```
/*学号排序函数功能:将学生学号升序排列,学生其他信息相应交换*/
void SortbyNum(STU stu[],int n,int m)
{
    int i,j,k,t;
    for(i=0;i<n-1;i++)
    {
        k=i;
        for(j=i+1;j<n;j++)
        {
            if(stu[j].num>stu[k].num)
                k=j;
        }
        if(k!=i)
        {
            for(t=0;t<m;t++)
            {
                SwapFloat(&stu[k].score[t],&stu[i].score[t]);
            }
            SwapFloat(&stu[k].sum,&stu[i].sum);
            SwapFloat(&stu[k].aver,&stu[i].aver);
            SwapLong(&stu[k].num,&stu[i].num);
            SwapChar(stu[k].name,stu[i].name);
        }
    }
}
/*姓名排序函数功能:将学生姓名排序,学生其他信息相应交换*/
void SortbyName(STU stu[],int n,int m)
{
    int i,j,t;
    for(i=0;i<n-1;i++)
    {
        for(j=i+1;j<n;j++)
        {
            if(strcmp(stu[j].name,stu[i].name)<0)
            {
                for(t=0;t<m;t++)
                {
                    SwapFloat(&stu[i].score[t],&stu[j].score[t]);
                }
                SwapFloat(&stu[i].sum,&stu[j].sum);
                SwapFloat(&stu[i].aver,&stu[j].aver);
                SwapLong(&stu[i].num,&stu[j].num);
                SwapChar(stu[i].name,stu[j].name);
            }
        }
    }
}
/*学号查找函数功能:按学号查找学生对应信息*/
void SearchbyNum(STU stu[],int n,int m)
{
```

```
    long number;
    int i,j;
    printf("Input the number you want to search:\n");
    scanf("%d",&number);
    for(i=0;i<n;i++)
    {
        if(stu[i].num==number)
        {
            printf("%ld\t%s\t",stu[i].num,stu[i].name);
            for(j=0;j<m;j++)
            {
                printf("%.0f\t",stu[i].score[j]);
            }
            printf("%.0f\t%.0f\t\n",stu[i].sum,stu[i].aver);
            break;
        }
    }
    if(i==n)
        printf("\nNot found!\n");
}
/*姓名查找函数功能:按姓名查找学生对应信息*/
void SearchbyName(STU stu[],int n,int m)
{
    char name[MAX_LEN];
    int i,j;
    printf("Input the name you want to search:\n");
    scanf("%s",name);
    for(i=0;i<n;i++)
    {
        if(strcmp(stu[i].name,name)==0)
        {
            printf("%ld\t%s\t",stu[i].num,stu[i].name);
            for(j=0;j<m;j++)
            {
                printf("%.0f\t",stu[i].score[j]);
            }
            printf("%.0f\t%.0f\t\n",stu[i].sum,stu[i].aver);
            break;
        }
    }
    if(i==n)
        printf("\nNot found!\n");
}
/*统计分析函数功能:统计各分数段的学生人数及占比*/
void StatisticAnalysis(STU stu[],int n,int m)
{
    int i,j,t[6];
    for(j=0;j<m;j++)
    {
        printf("For course %d:\n",j+1);
```

```
            memset(t,0,sizeof(t));
            for(i=0;i<n;i++)
            {
                if(stu[i].score[j]>=0 && stu[i].score[j]<60)
                    t[0]++;
                else if(stu[i].score[j]<70)
                    t[1]++;
                else if(stu[i].score[j]<80)
                    t[2]++;
                else if(stu[i].score[j]<90)
                    t[3]++;
                else if(stu[i].score[j]<100)
                    t[4]++;
                else if(stu[i].score[j]==100)
                    t[5]++;
                else
                    printf("Score Error!");
            }
            for(i=0;i<=5;i++)
            {
                if(i==0)
                    printf("<60\t%d\t%.2f%%\n",t[i],(float)t[i]/n*100);
                else if(i==5)
                    printf("%d\t%d\t%.2f%%\n",(i+5)*10,t[i],(float)t
[i]/n*100);
                else
                    printf("%d-%d\t%d\t%.2f%%\n",(i+5)*10,(i+5)*10+9,
t[i],(float)t[i]/n*100);
            }
        }
    }
    /*打印成绩函数功能:输出学生学号、姓名、各门课总分及平均分*/
    void PrintScore(STU stu[],int n,int m)
    {
        int i,j;
        for(i=0;i<n;i++)
        {
            printf("%ld\t%s\t",stu[i].num,stu[i].name);
            for(j=0;j<m;j++)
            {
                printf("%.2f\t",stu[i].score[j]);
            }
            printf("%.2f\t%.2f\n",stu[i].sum,stu[i].aver);
        }
    }
```

（5）综合案例运行的菜单选择界面如图 9-6 所示。

（6）通过该综合案例的程序调试，提高解决问题的能力。

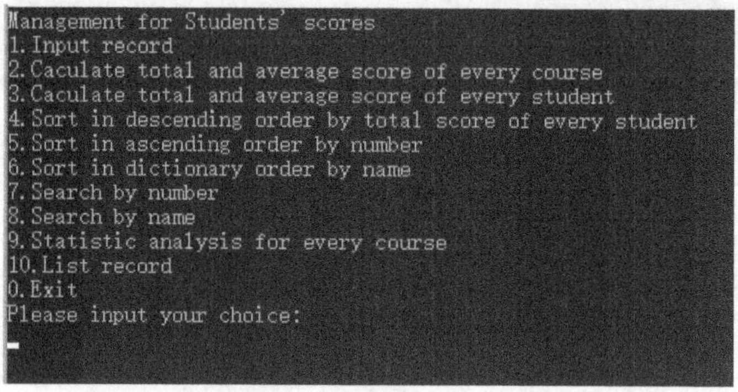

```
Management for Students' scores
1.Input record
2.Caculate total and average score of every course
3.Caculate total and average score of every student
4.Sort in descending order by total score of every student
5.Sort in ascending order by number
6.Sort in dictionary order by name
7.Search by number
8.Search by name
9.Statistic analysis for every course
10.List record
0.Exit
Please input your choice:
```

**图 9-6　综合案例运行的菜单选择界面**

（7）思考：学生成绩管理系统对于不同的用户，如教务处管理员、教师、学生等，如何设定不同权限，以保证软件系统的安全性？

# 附 录

## 附录 A 程序常见错误分析

本附录就一些常见的编译错误进行分析，使初学者尽快掌握分析错误的方法，提高上机调试程序的能力。

### 一、常见语法错误、命令错误等一般错误

Ambiguous operators need parentheses：不明确的运算需要用括号括起。

Ambiguous symbol 'xxx'：不明确的符号。

Argument list syntax error：参数表语法错误。

Array bounds missing：丢失数组界限符。

Array size toolarge：数组尺寸太大。

Bad character in paramenters：参数中有不适当的字符。

Bad file name format in include directive：包含命令中文件名格式不正确。

Bad ifdef directive synatax：编译预处理 ifdef 有语法错。

Bad undef directive syntax：编译预处理 undef 有语法错。

Bit field too large：位字段太长。

Call of non-function：调用未定义的函数。

Call to function with no prototype：调用函数时没有函数的说明。

Cannot modify a const object：不允许修改常量对象。

Case outside of switch：漏掉了 case 语句。

Case syntax error：Case 语法错误。

Code has no effect：代码无效，不能执行。

Compound statement missing {：复合语句缺失 {。

Conflicting type modifiers：不明确的类型说明符。

Constant expression required：要求常量表达式。

Constant out of range in comparison：在比较中常量超出范围。

Conversion may lose significant digits：转换时会丢失有意义的数字。

Conversion of near pointer not allowed：不允许转换近指针。

Could not find file'xxx'：找不到 xxx 文件。
Declaration missing;：说明缺少“;”。
Declaration syntax error：说明中出现语法错误。
Default outside of switch Default：出现在 switch 语句之外。
Define directive needs an identifier：定义编译预处理需要标识符。
Division by zero：用零作为除数。
Do statement must have while Do-while：语句中缺少 while 部分。
Enum syntax error：枚举类型语法错误。
Enumeration constant syntax error：枚举常数语法错误。
Error directive：xxx：错误的编译预处理命令。
Error writing output file：写输出文件错误。
Expression syntax error：表达式语法错误。
Extra parameter in call：调用时出现多余错误。
File name too long：文件名太长。
Function call missing )：函数调用缺少右括号。
Fuction definition out of place：函数定义位置错误。
Fuction should return a value：函数必须返回一个值。
Goto statement missing label Goto：语句没有标号。
Hexadecimal or octal constant too large：十六进制或八进制常数太大。
Illegal character'x'：非法字符 x。
Illegal initialization：非法的初始化。
Illegal octal digit：非法的八进制数字。
Illegal pointer subtraction：非法的指针相减。
Illegal structure operation：非法的结构体操作。
Illegal use of floating point：非法的浮点运算。
Illegal use of pointer：指针使用非法。
Improper use of a typedefsymbol：类型定义符号使用不恰当。
In-line assembly not allowed：不允许使用行间汇编。
Incompatible storage class：存储类别不相容。
Incompatible type conversion：不相容的类型转换。
Incorrect number format：错误的数据格式。
Incorrect use of default Default：使用不当。
Invalid indirection：无效的间接运算。
Invalid pointer addition：指针相加无效。
Irreducible expression tree：无法执行的表达式运算。
Lvalue required：需要逻辑值 0 或非 0 值。
Macro argument syntax error：宏参数语法错误。
Macro expansion too long：宏扩展以后太长。
Mismatched number of parameters in definition：定义中参数个数不匹配。
Misplaced break：此处不应出现 break 语句。

Misplaced continue：此处不应出现 continue 语句。
Misplaced decimal point：此处不应出现小数点。
Misplaced elif directive：此处不应编译预处理。
Misplaced else：此处不应出现 else。
Misplaced else directive：此处不应出现编译预处理 else。
Misplaced endif directive：此处不应出现编译预处理 endif。
Must be addressable：必须是可以编址的。
Must take address of memory location：必须存储定位的地址。
No declaration for function'xxx'：没有函数 xxx 的说明。
No stack：缺少堆栈。
No type information：没有类型信息。
Non-portable pointer assignment：不可移动的指针（地址常数）赋值。
Non-portable pointer comparison：不可移动的指针（地址常数）比较。
Non-portable pointer conversion：不可移动的指针（地址常数）转换。
Not a valid expression format type：不合法的表达式格式。
Not an allowed type：不允许使用的类型。
Numeric constant too large：数值常量太大。
Out of memory：内存不够用。
Parameter'xxx'is never used：参数 xxx 没有用到。
Pointer required on left side of ->：符号->的左边必须是指针。
Possible use of'xxx'before definition：在定义之前就使用了 xxx（警告）。
Possible incorrect assignment：赋值可能不正确。
Redeclaration of'xxx'：重复定义了 xxx。
Redefinition of'xxx'is not identical：xxx 的两次定义不一致。
Register allocation failure：寄存器定址失败。
Repeat count needs an lvalue：重复计数需要逻辑值。
Size of structure or array not known：结构体或数组大小不确定。
Statement missing：语句后缺少“；”。
Structure or union syntax error：结构体或联合体语法错误。
Structure size too large：结构体尺寸太大。
Sub scripting missing]：下标缺少右方括号。
Superfluous & with function or array：函数或数组中有多余的“&”。
Suspicious pointer conversion：可疑的指针转换。
Symbol limit exceeded：符号超限。
Too few parameters in call：函数调用时的实参少于函数的参数。
Too many default cases：default 太多（switch 语句中最多使用一个 default）。
Too many error or warning messages：错误或警告信息太多。
Too many type in declaration：说明中类型太多。
Too much auto memory in function：函数用到的局部存储太多。
Too much global data defined in file：文件中的全局数据太多。

Two consecutive dots：两个连续的句点。

Type mismatch in parameter xxx：参数 xxx 类型不匹配。

Type mismatch in redeclaration of 'xxx'：xxx 重定义的类型不匹配。

Unable to create output file 'xxx'：无法建立输出文件 xxx。

Unable to open include file 'xxx'：无法打开被包含的文件 xxx。

Unable to open input file 'xxx'：无法打开输入文件 xxx。

Undefined label 'xxx'：没有定义的标号 xxx。

Undefined structure 'xxx'：没有定义的结构 xxx。

Undefined symbol 'xxx'：没有定义的符号 xxx。

Unexpected end of file in comment started on line xxx ：从 xxx 行开始的注解尚未结束，文件不能结束。

Unexpected end of file in conditional started on line xxx：从 xxx 行开始的条件语句尚未结束，文件不能结束。

Unknown assemble instruction：未知的汇编结构。

Unknown option：未知的操作。

Unknown preprocessor directive：'xxx'：不认识的预处理命令 xxx。

Unreachable code：无法执行到的代码。

Unterminated string or character constant：字符串缺少引号。

User break：用户强行中断了程序。

Void functions may not return a value：Void 类型的函数不应有返回值。

Wrong number of arguments：调用函数的参数数目错。

'xxx' not an argument：xxx 不是参数。

'xxx' not part of structure：xxx 不是结构体的一部分。

xxx statement missing （：xxx 语句缺少左括号。

xxx statement missing ）：xxx 语句缺少右括号。

xxx statement missing;：xxx 缺少分号。

'xxx' declared but never used：说明了 xxx 但没有使用。

'xxx' is assigned a value which is never used：给 xxx 赋了值但未用过。

## 二、常见错误信息的解决方案

**1. 错误信息：Undefined symbol 'xxx'**

解决方案：

检查程序中使用的标识符是否进行了定义。C 语言规定程序中用到的所有变量都必须在本函数中先定义后使用（除非已定义为外部变量）。注意标识符定义或引用处是否有拼写错误。

**2. 错误信息：Possible use of 'xxx' before definition**

解决方案：

检查变量引用前是否已经赋值，是否输入时忘记使用地址符。在其他语言中输入时只需写出变量名即可，而在 C 语言中要求指明向哪个地址标识的单元送值，因此要在输入的变量前加上符号“&”。

**3. 错误信息：Possible incorrect assignment**

解决方案：

检查是否把赋值号当等号使用了。在 if、while、do-while 语句的条件表达式中，经常遇到关系运算符“等于”，应该用“==”表示，如果使用 if(a=b)，则编译程序会将（a=b）作为赋值表达式处理，即将 b 的值赋给 a，然后判断 a 的值是否为 0，如果不为 0，则作为“真”；若为 0，则作为“假”。这时会发生本警告。

**4. 错误信息：Statement missing**

解决方案：

检查语句是否缺少“;”。分号是 C 语句不可缺少的一部分，表达式语句后应有分号，如果语句后没有分号，则会把下一行作为上一行语句的一部分，这就出现语法错误。有时编译系统指出某行有错，但在该行上未发现错误，这种情况下应该检查上一行是否漏掉分号。复合语句的最后一个语句也必须有分号。

**5. 错误信息：Misplaced else**

解决方案：

检查 else 语句是否缺少与之匹配的 if 语句。前面的 if 语句是否出现语法错误。是否在不该加分号的地方加了分号，例如：

```
if(a= =b);
printf("%d",a);
else
printf("%d",b);
```

本意为当 a= =b 时输出 a，否则输出 b。但由于在 if(a= =b）后加了分号，因此 if 语句到此结束，则 else 语句找不到与之配对的 if 语句。

检查是否漏写了大括号，例如：

```
if(a>b)
t=a;a=b;b=t;
else
…;
```

**6. 错误信息：xxx statement missing**（和 xxx statement missing）

解决方案：

检查括号不配对的情况，特别注意检查 if 语句、while 语句、do while 语句等的括号是否配对。

**7. 错误信息：Function definition out of place**

解决方案：

检查函数定义位置是否有错，函数定义不能出现在另一函数内。注意检查函数内的说明是否有类似于带有一个参数表的函数定义。例如，在函数中定义数组时误用了圆括号，就会被误认为是一个函数定义。

**8. 错误信息：Size of structure or array not known**

解决方案：

检查表达式中是否出现未定义的结构或数组，以及定义结构或数组的语句是否有错。例如，数组的定义要求用方括号，如果是二维数组或多维数组，则在定义和引用时必须将每一维的数据分别用方括号括起来，即定义二维数组 a[3，5] 是错误的，而应该用 a[3] [5]。

**9. 错误信息：Lvalue required**

解决方案：

检查赋值号左边是否是一个地址表达式。赋值号左边必须是一个地址表达式，包括数值变量、指针变量、结构引用域、间接指针和数组分量。例如：

```
main()
{
    char str[6];
    str="china";
    …
}
```

该程序在编译时出错。因为 str 是数组名，代表数组首地址。在编译时对数组 str 分配了一段内存单元，因此在程序运行期间 str 是一个常量，不能再赋值。应该把 char str［6］改为 char * str。

**10. 错误信息：Constant expression required**

解决方案：

检查#define 常量是否拼写错，以及数组的大小是否是常量。

**11. 错误信息：Type mismatch in redeclaration of'xxx'**

解决方案：

检查原文件中是否把一个已经说明的变量重新说明为另一类型或者一个函数被调用后是否被说明为另一类型。

```
main()
{
    float a,b,c;/*定义3个整型变量*/
    scanf("%f%f",a,b);/*输入两个整数*/
    c=max(a,b);/*调用 max()函数,把函数值赋给 c*/
    printf("%f",max);/*输出 c 的值*/
}
float max(int x,int y)/*定义函数 max()*/
float x,y;/*说明 x、y 为单精度实型*/
{
    float z;/*函数内说明语句,定义 z*/
    if(x>y)/*当 x>y 时把 x 赋给 z,否则把 y 赋给 z*/
    z=x;
    else
    z=y;
    return(z);/*返回 z 值*/
}
```

上面的程序在编译时产生出错信息，因为 max() 函数是在 main() 函数后才定义的，而且 max() 的形参 x 和 y 在函数体中被重定义了类型。

改正的方法：可以在 main() 函数中增加一个对其的说明，或者将 max() 函数的定义位置调到 main() 函数之前，并且保持所有变量类型前后一致。

## 附录 B　C 语言中常用的标准库函数

标准头文件如下：

```
<asset.h><ctype.h><errno.h><float.h>
<limits.h><locale.h><math.h><setjmp.h>
<signal.h><stdarg.h><stddef.h><stdlib.h>
<stdio.h><string.h><time.h>
```

**1. 标准定义**（<stddef. h>）

文件<stddef. h>里包含了标准库的一些常用定义，无论包含哪个标准头文件，<stddef. h>都会被自动包含进来。

这个文件里定义了以下内容：

1）类型 size_t（sizeof 运算符的结果类型，是某个无符号整型）。

2）类型 ptrdiff_t（两个指针相减运算的结果类型，是某个有符号整型）。

3）类型 wchar_t（宽字符类型，是一个整型，其中存放了本系统所支持的本地环境中字符集的所有编码值。这里还确保空字符的编码值为 0）。

4）符号常量 NULL（空指针值）。

5）宏 offsetor（这是一个带参数的宏，第一个参数应是一个结构类型，第二个参数应是结构成员名。offsetor（s，m）用于求出成员 m 在结构类型 t 的变量里的偏移量）。

注：其中有些定义也出现在其他头文件里（如 NULL）。

**2. 错误信息**（<errno. h>）

<errno. h>定义了一个 int 类型的表达式 errno，可以看作一个变量，其初始值为 0。一些标准库函数执行中出错时会将它设置为非 0 值，但任何标准库函数都设置它为 0。

<errno. h>里还定义了两个宏 EDOM 和 ERANGE，都是非 0 的整数值。数学函数执行中遇到参数错误，就会将 errno 设置为 EDOM；出现值域错误就会将 errno 设置为 ERANGE。

**3. 输入/输出函数**（<stdio. h>）

文件打开和关闭：

```
FILE * fopen(const char * filename,const char * mode);
int fclose(FILE * stream);
```

字符输入和输出：

```
int fgetc(FILE * fp);
int fputc(int c,FILE * fp);
```

getc( ) 和 putc( ) 这两个函数通过宏定义实现，通常有下面的定义：

```
#define getchar()  getc(stdin)
#define putchar(c)putc(c,stdout)
int ungetc(int c,FILE * stream)  //把字符 c 退回流 stream
```

格式化输入和输出：

```
int scanf(const char * format,...);
int printf(const char * format,...);
int fscanf(FILE * stream,const char * format,...);
int fprintf(FILE * stream,const char * format,...);
```

```
int sscanf(char * s,const char * format,...);
int sprintf(char * s,const char * format,...);
```

行式输入和输出：

```
char * fgets(char * buffer,int n,FILE * stream);
int fputs(const char * buffer,FILE * stream);
char * gets(char * s);
int puts(const char * s);
```

直接输入和输出：

```
size_t fread(void * pointer,size_t size,size_t num,FILE * stream);
size_t fwrite(const void * pointer,size_t size,size_t num,FILE *
stream);
```

**4. 数学函数**（<math. h>）

三角函数：in(x)、cos(x)、tan(x)。注意，x 为 double 类型的弧度值。

反三角函数：asin()、acos()、atan()。

双曲函数：sinh()、cosh()、tanh()。

指数和对数函数：exp(x) 计算 $e^x$ 的值，log(x) 计算 $\log_e x$ 的值，log10(x) 计算 $\log_{10} x$ 的值，x 均为 double 类型数据。

其他函数：二次方根 sqrt(x)、实型数的绝对值 fabs(x)、乘幂函数 double pow(double, double)（第一个参数作为底，第二个是指数）

实数的余数 double fmod(double, double)（两个参数分别是被除数和除数）。

注：所有上面未给出类型特征的函数都取一个参数，其参数与返回值都是 double 类型。

**5. 字符处理函数**（<ctype. h>）

int isalpha(c)：c 是字母字符。

int isdigit(c)：c 是数字字符。

int isalnum(c)：c 是字母或数字字符。

int isspace(c)：c 是空格、制表符、换行符。

int isupper(c)：c 是大写字母。

int islower(c)：c 是小写字母。

int iscntrl(c)：c 是控制字符。

int isprint(c)：c 是可打印字符，包括空格。

int isgraph(c)：c 是可打印字符，不包括空格。

int isxdigit(c)：c 是十六进制数字字符。

int ispunct(c)：c 是标点符号。

int tolower(int c)：当 c 是大写字母时返回对应的小写字母，否则返回 c 本身。

int toupper(int c)：当 c 是小写字母时返回对应的大写字母，否则返回 c 本身。

注：条件成立时这些函数返回非 0 值。最后两个转换函数对于非字母参数返回原字符。

**6. 字符串函数**（<string. h>）

字符串函数描述采用如下约定：s 表示“char *”类型的参数，cs、ct 表示“const char *”类型的参数（它们都应表示字符串），n 表示 size_t 类型的参数（size_t 是一个无符号的整数类型），c 是整型参数（在函数里转换到 char）。所有字符串函数如下：

size_t strlen(cs)：求出 cs 的长度。

char * strcpy(s，ct)：把 ct 复制到 s。要求 s 指定足够大的字符数组。

char * strncpy(s，ct，n)：把 ct 里的至多 n 个字符复制到 s。要求 s 指定一个足够大的字符数组。如果 ct 里的字符不够 n 个，就在 s 里填充空字符。

char * strcat(s，ct)：把 ct 里的字符复制到 s 里已有的字符串之后。s 应指定一个保存着字符串且足够大的字符数组。

char * strncat(s，ct，n)：把 ct 里的至多 n 个字符复制到 s 里已有的字符串之后。s 应指定一个保存着字符串且足够大的字符数组。

int strcmp(cs，ct)：比较字符串 cs 和 ct 的大小，在 cs 大于、等于、小于 ct 时分别返回正值、0、负值。

int strncmp(cs，ct，n)：比较字符串 cs 和 ct 的大小，至多比较 n 个字符。在 cs 大于、等于、小于 ct 时分别返回正值、0、负值。

char * strchr(cs，c)：在 cs 中查寻 c 并返回 c 第一个出现的位置，用指向这个位置的指针表示。当 cs 里没有 c 时返回值 NULL。

char * strrchr(cs，c)：在 cs 中查寻 c 并返回 c 最后一个出现的位置，没有时返回 NULL。

size_t strspn(cs，ct)：由 cs 起确定一段全由 ct 里的字符组成的序列，返回其长度。

size_t strcspn(cs，ct)：由 cs 起确定一段全由非 ct 里的字符组成的序列，返回其长度。

char * strpbrk(cs，ct)：在 cs 里查寻 ct 里的字符，返回第一个满足条件的字符出现的位置，没有时返回 NULL。

char * strstr(cs，ct)：在 cs 中查寻串 ct（查询子串），返回 ct 作为 cs 子串的第一个出现的位置，ct 未出现在 cs 里时返回 NULL。

char * strerror(n)：返回与错误编号 n 相关的错误信息串（指向该错误信息串的指针）。

char * strtok(s，ct)：在 s 中查寻由 ct 中的字符作为分隔符而形成的单词。

另外，<string.h>还有一组字符数组操作函数（存储区操作函数），名字都以 mem 开头，以某种高效方式实现。在下面的函数中，参数 s 的类型是“void * ”，cs 和 ct 的类型是“const void * ”，n 的类型是 size_t，c 的类型是 int（转换为 unsigned char）。

void * memcpy(s，ct，n)：从 ct 处复制 n 个字符到 s 处，返回 s。

void * memmove(s，ct，n)：从 ct 处复制 n 个字符到 s 处，返回 s，这里的两个段允许重叠。

int memcmp(cs，ct，n)：比较由 cs 和 ct 开始的 n 个字符，返回值定义同 strcmp( )（字符串比较函数）。

void * memchr(cs，c，n)：在 n 个字符的范围内查寻 c 在 cs 中第一次出现的位置，如果找到，则返回该位置的指针值，否则返回 NULL。

void * memset(s，c，n)：将 s 的前 n 个字符设置为 c，返回 s。

**7. 功能函数**（<stdlib.h>）

随机数函数：

int rand(void)：生成一个 0~RAND_MAX 的随机整数。

void srand(unsigned seed)：用 seed 为随后的随机数生成设置种子值。

动态存储分配函数：

void * calloc(size_t n，size_t size)：分配一块存储，应足以存放 n 个大小为 size 的对象，

并将所有字节用 0 字符填充，返回该存储块的地址，不能满足时返回 NULL。

void * malloc(size_t size)：分配一块足以存放大小为 size 的存储，返回该存储块的地址，不能满足时返回 NULL。

void * realloc(void * p, size_t size)：将 p 所指存储块调整大小为 size，返回新块的地址。如果能满足要求，则新块的内容与原块一致；不能满足要求时返回 NULL，此时原块不变。

void free(void * p)：释放以前分配的动态存储块。

整数函数：

div_t 和 ldiv_t 是两个预定义结构类型，用于存放整除时得到的商和余数。div_t 类型的成分是 int 类型的 quot 和 rem，ldiv_t 类型的成分是 long 类型的 quot 和 rem。简单的整数函数如下：

int abs(int n)：求整数的绝对值。

long labs(long n)：求长整数的绝对值。

div_t div(int n, int m)：求 n/m，商和余数分别存放到结果结构的对应成员里，参数是整型。

ldiv_t ldiv(long n, long m)：求 n/m，商和余数分别存放到结果结构的对应成员里，参数为长整数。

数值转换：

double atof(const char * s)：由串 s 构造一个双精度值。

int atoi(const char * s)：由串 s 构造一个整数值。

long atol(const char * s)：由串 s 构造一个长整数值。

执行控制：

1）非正常终止函数 abort()。原型是“void abort(void)”。

2）正常终止函数 exit()。原型是“void exit(int status)”。

导致程序按正常方式立即终止。status 作为送给执行环境的出口值，0 表示成功结束，两个可用的常数为 EXIT_SUCCESS、EXIT_FAILURE。

3）正常终止注册函数 atexit()。

原型是“int atexit(void( * fcn)(void))”。

可用 atexit() 函数把一些函数注册为结束动作。被注册函数应当是无参无返回值的函数。注册正常完成时，atexit() 返回值 0，否则返回非 0 值。

与执行环境交互：

1）向执行环境传送命令的函数 system()。

原型是“int system(const char * s)”。

把串 s 传递给程序的执行环境要求作为系统命令执行。如果将 NULL 作为参数调用，则函数返回非 0 表示环境里有命令解释器。如果 s 不是 NULL，则返回值由实参确定。

2）访问执行环境的函数 getenv()。

原型是“char * getenv(const char * s)”。

从执行环境中取回与字符串 s 相关联的环境串，如果找不到就返回 NULL。本函数的具体结果由实参确定。在许多执行环境里，可以用这个函数去查看“环境变量”的值。

下面介绍常用函数 bsearch() 和 qsort()。

1）二分法查找函数 bsearch( )：

```
void*bsearch(const void*key,const void*base,size_t n, size_t size,
int (*cmp) (const void*keyval, const void*datum));
```

函数指针参数 cmp 的实参是一个与字符串比较函数 strcmp( ) 类似的函数，确定排列的顺序，当第一个参数 keyval 比第二个参数 datum 大、相等或小时分别返回正、0 或负值。

2）快速排序函数 qsort( )：

```
void qsort(void*base,size_t n,size_t size,int (*cmp)(const void*,
const void*));
```

qsort( ) 对于 cmp 参数的要求与 bsearch( ) 一样。设有数组 base[0]，…，base[n-1]，元素大小为 size。用 qsort( ) 可以把这个数组的元素按 cmp 参数确定的上升顺序重新排列。

# 参考文献


［1］ 苏小红，赵玲玲，孙志岗，等. C语言程序设计［M］. 4版. 北京：高等教育出版社，2019.

［2］ JONES B L，AITKEN P，MILLER D. 21天学通C语言：第7版［M］. 姜佑，译. 北京：人民邮电出版社，2022.

［3］ 谭浩强. C语言程序设计［M］. 4版. 北京：清华大学出版社，2020.

［4］ 明日科技. C语言从入门到精通［M］. 5版. 北京：清华大学出版社，2021.